ローマ字・かな対応表

本書では、ローマ字入力で解説を行っています。ローマ字入力がわからなくなったときは、こちらの対応表を参考にしてください。

※Microsoft IME の代表的な入力方法です。

あ行	あ	い	う	え	お
	A	I	U	E	O
	ぁ	ぃ	ぅ	ぇ	ぉ
	LA	LI	LU	LE	LO
	うぁ	うぃ		うぇ	うぉ
	WHA	WHI		WHE	WHO

か行	か	き	く	け	こ
	KA	KI	KU	KE	KO
	が	ぎ	ぐ	げ	ご
	GA	GI	GU	GE	GO
	きゃ	きぃ	きゅ	きぇ	きょ
	KYA	KYI	KYU	KYE	KYO
	ぎゃ	ぎぃ	ぎゅ	ぎぇ	ぎょ
	GYA	GYI	GYU	GYE	GYO

さ行	さ	し	す	せ	そ
	SA	SI	SU	SE	SO
	ざ	じ	ず	ぜ	ぞ
	ZA	ZI	ZU	ZE	ZO
	しゃ	しぃ	しゅ	しぇ	しょ
	SYA	SYI	SYU	SYE	SYO
	じゃ	じぃ	じゅ	じぇ	じょ
	JYA	JYI	JYU	JYE	JYO

た行	た	ち	つ		
	TA	TI	TU		
	だ	ぢ	づ		
	DA	DI	DU		
	てゃ	てぃ	てゅ		
	THA	THI	THU	THE	THO
	でゃ	でぃ	でゅ	でぇ	でょ
	DHA	DHI	DHU	DHE	DHO
	ちゃ	ちぃ	ちゅ	ちぇ	ちょ
	TYA	TYI	TYU	TYE	TYO
	ぢゃ	ぢぃ	ぢゅ	ぢぇ	ぢょ
	DYA	DYI	DYU	DYE	DYO
			っ		
			LTU		

な行	な	に	ぬ	ね	の
	NA	NI	NU	NE	NO
	にゃ	にぃ	にゅ	にぇ	にょ
	NYA	NYI	NYU	NYE	NYO

は行	は	ひ	ふ	へ	ほ
	HA	HI	HU	HE	HO
	ば	び	ぶ	べ	ぼ
	BA	BI	BU	BE	BO
	ぱ	ぴ	ぷ	ぺ	ぽ
	PA	PI	PU	PE	PO
	ひゃ	ひぃ	ひゅ	ひぇ	ひょ
	HYA	HYI	HYU	HYE	HYO
	びゃ	びぃ	びゅ	びぇ	びょ
	BYA	BYI	BYU	BYE	BYO
	ぴゃ	ぴぃ	ぴゅ	ぴぇ	ぴょ
	PYA	PYI	PYU	PYE	PYO
	ふぁ	ふぃ		ふぇ	ふぉ
	FA	FI		FE	FO

ま行	ま	み	む	め	も
	MA	MI	MU	ME	MO
	みゃ	みぃ	みゅ	みぇ	みょ
	MYA	MYI	MYU	MYE	MYO

や行	や		ゆ		よ
	YA		YU		YO
	ゃ		ゅ		ょ
	LYA		LYU		LYO

ら行	ら	り	る	れ	ろ
	RA	RI	RU	RE	RO
	りゃ	りぃ	りゅ	りぇ	りょ
	RYA	RYI	RYU	RYE	RYO

わ行	わ		を		ん
	WA		WO		NN

JN028138

おすすめショートカットキー

ショートカットキーとは、そのキーを押すことで、マウスを動かすことなくパソコンの操作を行うことのできるキーです。覚えておくと操作が早くなるので便利です。「 ⊞ ＋ ↑ 」と書いてある場合は、⊞ キーを押したままの状態で、↑ キーを押します。

デスクトップ画面で使えるショートカットキー

⊞ スタートメニュー（スタート画面）の表示・非表示を切り替えます。

⊞ ＋ ↑ デスクトップ画面のウィンドウを最大化します。

⊞ ＋ ↓ デスクトップ画面のウィンドウを最小化します。

⊞ ＋ D（し） デスクトップ画面の表示・非表示を切り替えます。

⊞ ＋ I（に） 設定画面を表示します。

⊞ ＋ Q（た） 検索画面を表示します。

Alt ＋ Tab デスクトップ画面で使っているウィンドウを切り替えます。

Alt ＋ F4 ウィンドウを閉じます。

多くのアプリケーションで共通に使えるショートカットキー

 Ctrl ＋ C（そ） 選択したものをコピーします。

 Ctrl ＋ X（さ） 選択したものを切り取ります。

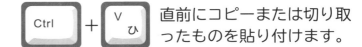 Ctrl ＋ V（ひ） 直前にコピーまたは切り取ったものを貼り付けます。

 Ctrl ＋ S（と） ファイルを上書き保存します。

 Ctrl ＋ P（せ） 印刷画面を表示します。

 Ctrl ＋ Z（っ つ） 直前に行った操作を取り消します。

 Ctrl ＋ N（み） 新しいファイルを開きます。

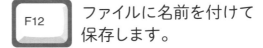 F12 ファイルに名前を付けて保存します。

大きな字でわかりやすい

わかりやすい

ワード&エクセル

[Word 2019/Excel 2019 対応版]

AYURA：著

技術評論社

本書の使い方

本書の各セクションでは、手順の番号を追うだけで、ワードとエクセルの各機能の使い方がわかるようになっています。

このセクションで使用する基本操作の参照先を示しています

基本操作を赤字で示しています

上から順番に読んでいくと、操作ができるようになっています。解説を一切省略していないので、迷うことがありません！

操作の補足説明を示しています

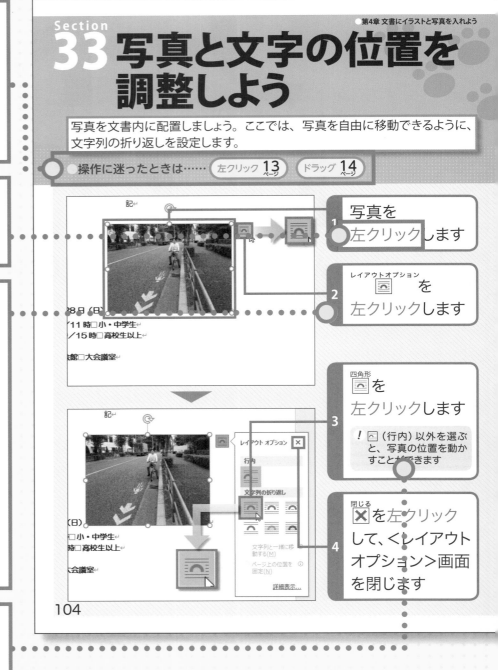

文書のサンプルファイルをダウンロードすることができます。ブラウザーに次のURLを入力して、表示された画面の指示に従ってください

https://gihyo.jp/book/2021/978-4-297-11888-4/support

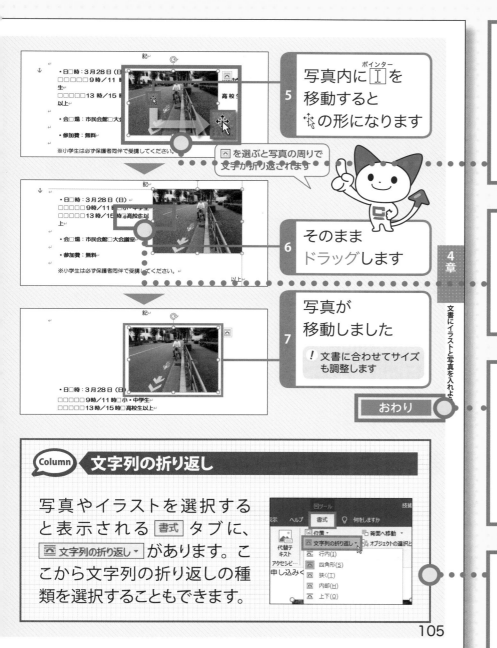

小さくて見えにくい部分は、➡を使って拡大して表示しています

ドラッグする部分は、・・・▶で示しています

ほとんどのセクションは、2ページでスッキリと終わります

操作の補足や参考情報として、コラム（ Column 、 📖 ）を掲載しています

大きな字でわかりやすい ワード＆エクセル

第8章　表を使って計算しよう　180

第9章　ワード文書にエクセルの表を貼り付けよう　200

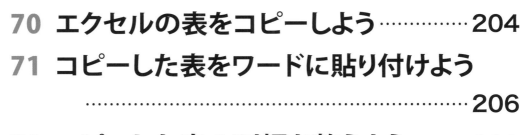

マウスを持ってみよう

パソコンを操作するには、マウスを使います。マウスのしくみや正しい持ち方をきちんと覚えましょう。ノートパソコンの場合も、マウスをつないで使うことができます。

 解説

マウスのしくみ

マウスには、左右2つのボタンとホイールが付いています。

ホイール
人差し指でくるくると回して使います。パソコンの画面を上下に動かすときに使います

ほとんどの操作は左ボタンだけで行えます！

左ボタン
一番よく使うボタンです。左ボタンを1回押すことを、左クリックといいます

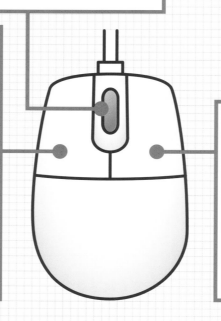

右ボタン
右ボタンを1回押すことを、右クリックといいます

解説 マウスの持ち方

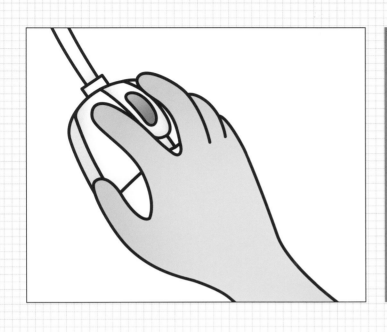

平らな場所にマウスを置き、手のひらで包むように持ちます。人差し指を左ボタンの上、中指を右ボタンの上に置きます

ノートパソコンの場合

ノートパソコンでは、マウスのかわりにタッチパッドで操作します。マウスのボタンと同じ使い方ができますが、慣れないうちは使いにくいかもしれません。
最初は、マウスをつなげて使うことをおすすめします。

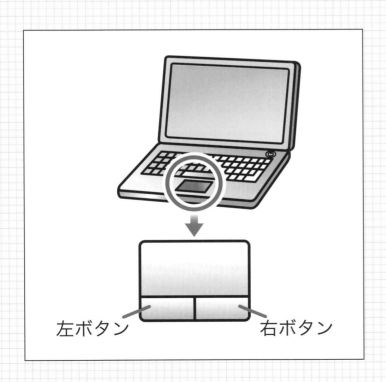

左ボタン　　　　　右ボタン

マウスを
動かしてみよう

マウスを実際に動かしてみましょう。マウスの基本操作は、移動・クリック・ダブルクリック・ドラッグの4つです。慣れると自然にできるようになるので、何度もやってみましょう。タッチ操作の方法も紹介します。

 ポインターを移動する

マウスを動かすと、その動きに合わせて画面上の矢印（ ）が移動します。この矢印を「ポインター」といいます。

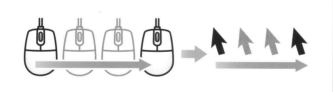

マウスを右に動かすと、ポインターも右に移動します

■マウスパッドの端に来てしまったときは

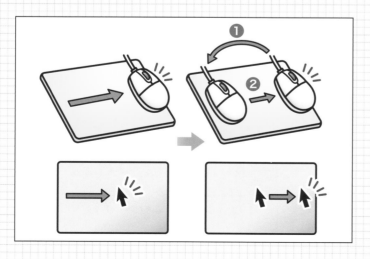

マウスをマウスパッド（または机）から浮かせて、左側に持っていきます❶。そこからまた右に移動します❷

マウスをクリックする

マウスの左ボタンを1回押すことを「左クリック」といいます。また、右ボタンを1回押すことを「右クリック」といいます。

1 11ページの方法でマウスを持ちます

2 人差し指で左ボタンを軽く押します

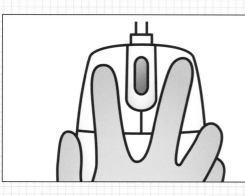

カチッ

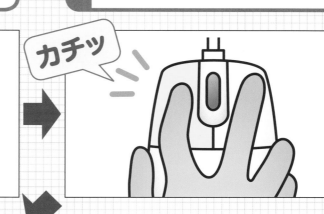

3 すぐにもとに戻します。左ボタンがもとの状態に戻ります

クリックは、ボタンを押してすぐに戻す操作です。押し続けてはいけませんよ

●右クリックの場合

カチッ

同様に、右ボタンを押して戻すと、右クリックができます

マウスをドラッグする

マウスの左ボタンを押したままマウスを移動することを、「ドラッグ」といいます。移動中、ボタンから指を離さないように注意しましょう。

左ボタンを押したまま移動して…	指をもとに戻す

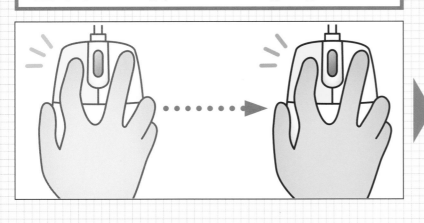

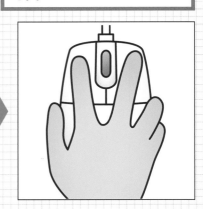

解説 **マウスをダブルクリックする**

マウスの左ボタンをすばやく2回続けて押すことを「ダブルクリック」といいます。

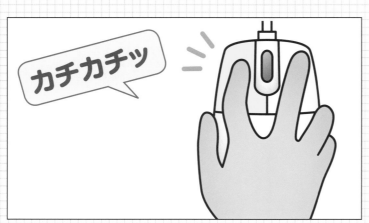

カチカチッ

「カチカチッ」と押す
イメージです

14

解説 **タッチ操作を利用する**

タッチ対応モニターでは、マウスと同じ動作を、画面をタッチして行うことができます。

タップ
対象を1回トンとたたきます（マウスの左クリックに相当）

ダブルタップ
対象をすばやく2回たたきます（マウスのダブルクリックに相当）

ホールド
対象を少し長めに押します（マウスの右クリックに相当）

ドラッグ
対象に触れたまま、画面上を指でなぞり、上下左右に動かします

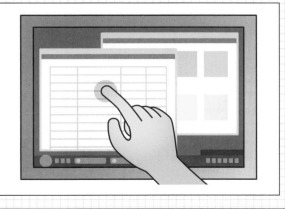

よく使うキーを
確認しよう

パソコンで文字を入力するには、キーボードを使います。キーボードには
たくさんのキーが並んでいます。ここでは、よく使うキーの名称と、キーに
割り当てられた機能を確認しましょう。

キーの名称と機能

解説

❶ 半角／全角
キー

❸ 文字キー

❺ BackSpace
（バックスペース）キー

❷ Esc
（エスケープ）キー

❹ ファンク
ションキー

❻ Delete
（デリート）キー

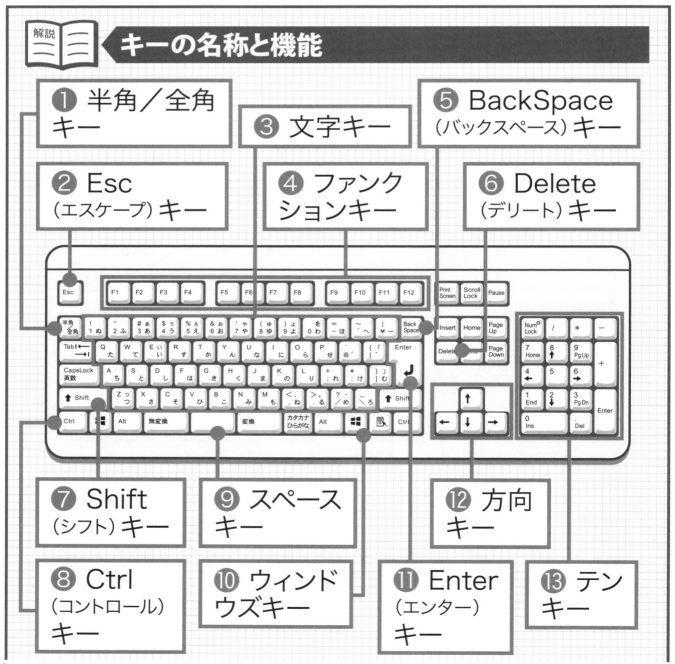

❼ Shift
（シフト）キー

❾ スペース
キー

⓬ 方向
キー

❽ Ctrl
（コントロール）
キー

❿ ウィンド
ウズキー

⓫ Enter
（エンター）
キー

⓭ テン
キー

＊キーの配列は、パソコンの種類によって異なります。

❶ 半角／全角キー

ひらがな入力モードと半角英数入力モードを切り替えます（31ページ参照）。

❷ Esc（エスケープ）キー

入力した文字を取り消したり、選択した操作を取り消したりします。

❸ 文字キー

ひらがなや英数字、記号などの文字を入力します。

❹ ファンクションキー

それぞれのキーに、文字を入力したあとにカタカナに変換するなどの機能が登録されています。

❺ BackSpace（バックスペース）キー

⫿（カーソル）の左側の文字を消します。また、選択した文字列を削除します。

❻ Delete（デリート）キー

⫿（カーソル）の右側の文字を消します。また、選択した文字列を削除します。

❼ Shift（シフト）キー

英字の大文字やキーの左上に書かれた記号を入力するときに、このキーと文字キーを同時に押します。

❽ Ctrl（コントロール）キー

ほかのキーと組み合わせて使います。

❾ スペースキー

ひらがなを漢字やカタカナに変換します。空白を入力するときにも使います。

❿ ウィンドウズキー

スタートメニューを表示します。

⓫ Enter（エンター）キー

変換した文字の入力を完了します。

⓬ 方向キー

⫿（カーソル）の位置を上下左右に移動します。矢印キーともいいます。

⓭ テンキー

数字を入力します。ノートパソコンでは、テンキーがない場合も多くあります。

第1章 ワード＆エクセルの基本を覚えよう

ワード（Word）は手紙や案内文書、チラシなどを作成するワープロソフトで、エクセル（Excel）は表を作成したり、計算をしたりする表計算ソフトです。この章では、ワードやエクセルを開く方法や画面のしくみ、文書や表を保存する方法など基本となる操作を覚えましょう。

この章でできるようになること

ワード／エクセルを開くことができます！ ▶20、22ページ

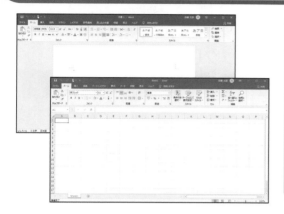

まずはワードや
エクセルを
開く方法を
覚えましょう。
作業が終わったら、
必ず閉じましょう

画面のしくみがわかります！ ▶24、26ページ

ワードやエクセルを使うために必要な道具の名前と役割、
画面の見方、画面の切り替え方法などを解説します

文書／表を保存することができます！ ▶34～43ページ

作成した文書や表は
保存しておくことが
できます。
保存した文書や表は
好きなときに開いて
編集できます

Section 01 ワード／エクセルを開こう

ワード（エクセル）を開くには、スタートを左クリックしてスタートメニューを表示し、[W Word]（[X Excel]）を探して左クリックします。

●操作に迷ったときは…… 左クリック **13** ページ   ドラッグ **14** ページ

Windows 10 でワードを開こう

1 Windows 10を起動します

2 画面左下の ■ スタート を左クリックします

■ ○ ここに入力して検索   O 苣i

O
Office
OneDrive
OneNote for Windows 10
Outlook
P
PDF Doc
People
PowerPoint
Publisher
S
カレンダー
探る
Microsoft Store

3 スタートメニューが表示されます

4 スクロールボックスを下へドラッグします

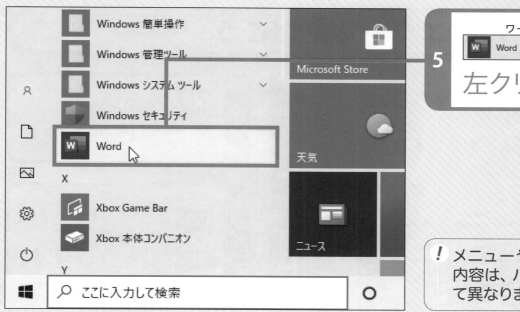

5 ワード

W Word を

左クリックします

!メニューやタスクバーの色や内容は、パソコンの設定によって異なります

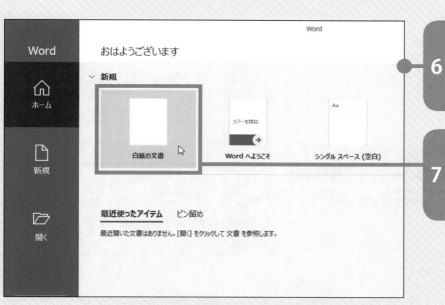

6 ワードが起動します

7 白紙の文書 を

左クリックします

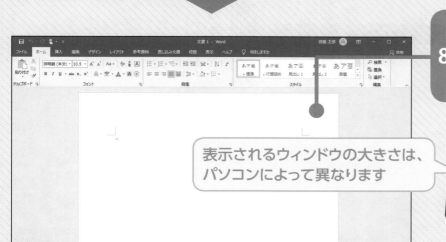

8 新しい文書が開きました

表示されるウィンドウの大きさは、パソコンによって異なります

次へ

Windows 10でエクセルを開こう

1 20ページの手順を操作します

2  エクセル Excel を左クリックします

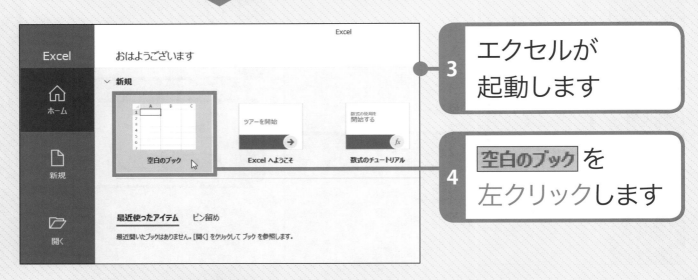

3 エクセルが起動します

4 空白のブック を左クリックします

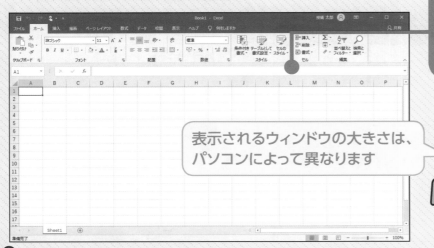

5 新しいブックが開きました

表示されるウィンドウの大きさは、パソコンによって異なります

おわり

新しいユーザーアカウントでワードを開いた場合

ワード／エクセルが開く前に、最初に設定を行うためのウィンドウが表示された場合は、使用許諾契約書に同意すると、ウィンドウは消えます。

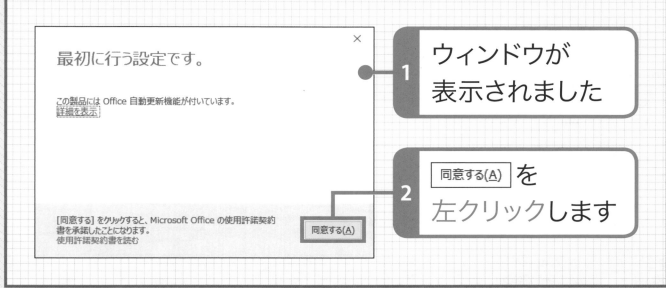

| | ウィンドウが表示されました |

| | 同意する(A) を左クリックします |

 新しい機能の紹介が表示された場合

ワード／エクセルの新しい機能を紹介するウィンドウが表示された場合は、 閉じる を左クリックすると、ウィンドウは消えます。

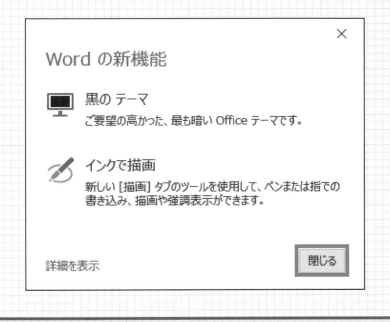

Section 02 ワードの画面を知ろう

ワードを開くと文書を作成する画面が表示されます。画面のしくみと名称を覚えましょう。ウィンドウの大きさや設定で表示が異なる場合があります。

●操作に迷ったときは……　左クリック **13** ページ　ドラッグ **14** ページ

❶ クイックアクセスツールバー

❷ タイトルバー

❸ タブ

❹ リボン

❺ 閉じる

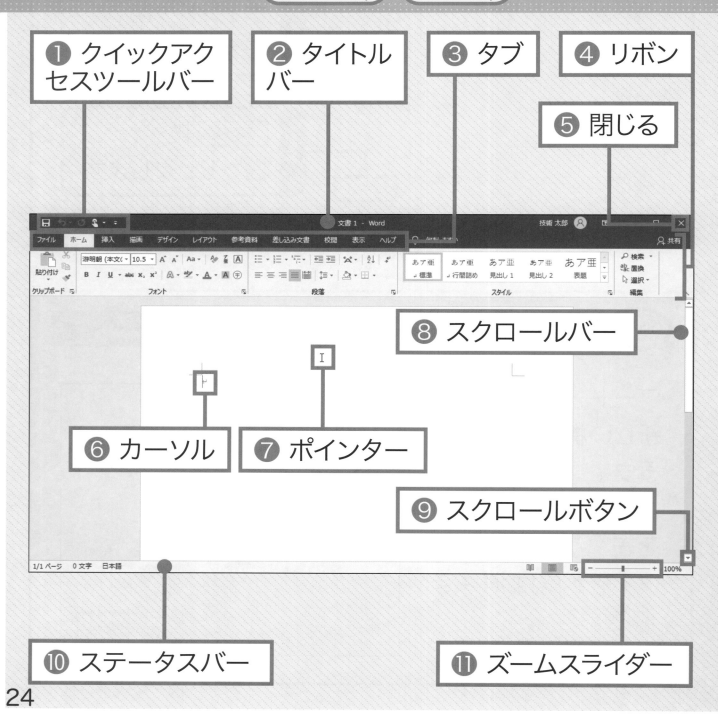

❽ スクロールバー

❻ カーソル

❼ ポインター

❾ スクロールボタン

❿ ステータスバー

⓫ ズームスライダー

24

❶ クイックアクセスツールバー

よく使うコマンドとタッチ／マウスモードの切り替えが表示されています。

❷ タイトルバー

現在作業中のファイル名（文書名）が表示されます。

❸ タブ

名前の部分を左クリックして、リボンの表示を切り替えます。

❹ リボン

操作に必要なコマンドが機能別にグループ分けされています。

❺ 閉じる

ワードを閉じる場合に左クリックします。

❻ カーソル

入力する位置を示します。入力したい位置で左クリックすると、その位置にカーソルが移動します。

❼ ポインター

マウスの動きや位置を示します。操作の状況によって形が変わります。

❽ スクロールバー

画面に収まりきらない部分がある場合に、バー上のボックス（スクロールボックス）を上下にドラッグして隠れている部分を表示します。画面の下にもスクロールバーが表示される場合もあります。

❾ スクロールボタン

画面に収まりきらない部分がある場合に、ボタンを左クリックすると、隠れている部分を1行ずつ表示します。スクロールボタンはスクロールバーの上下にあります。

❿ ステータスバー

文書のページ数や文字数などが表示されます。

⓫ ズームスライダー

▌を左右にドラッグするか、━や✚を左クリックして、表示倍率を変更します。

おわり

Section 03 エクセルの画面を知ろう

エクセルを開くと表を作成する画面が表示されます。画面のしくみと名称を覚えましょう。ウィンドウの大きさや設定で表示が異なる場合があります。

● 操作に迷ったときは…… 左クリック **13**ページ ドラッグ **14**ページ

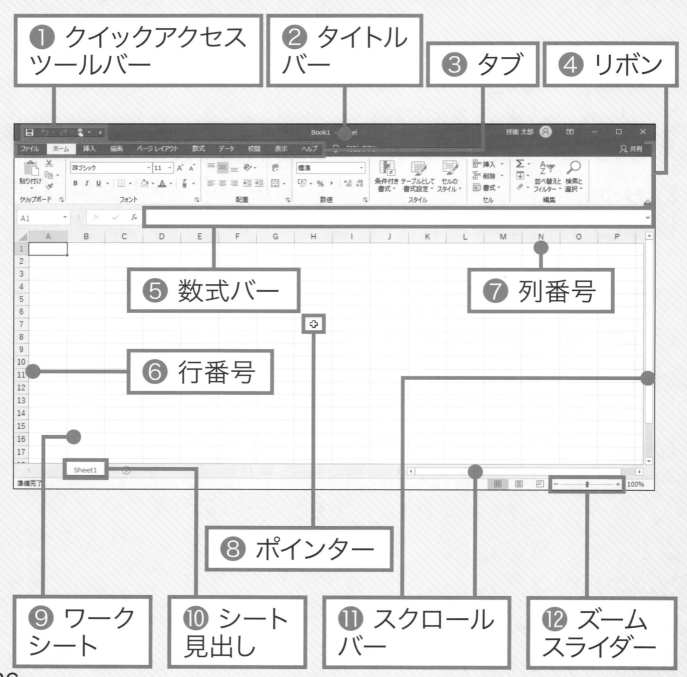

❶ クイックアクセスツールバー

❷ タイトルバー

❸ タブ

❹ リボン

❺ 数式バー

❻ 行番号

❼ 列番号

❽ ポインター

❾ ワークシート

❿ シート見出し

⓫ スクロールバー

⓬ ズームスライダー

❶ クイックアクセスツールバー

よく使うコマンド（上書き保存、元に戻す、やり直し）が表示されています。

❷ タイトルバー

開いているファイルの名前が表示されます。

❸ タブ

名前の部分を左クリックして、表示を切り替えます。

❹ リボン

コマンドが機能別にグループ分けされています。

❺ 数式バー

選択しているセルに入力された値や数式が表示されます。

❻ 行番号

行の位置を示す数字です。

❼ 列番号

列の位置を示す英字です。

❽ ポインター

マウスの動きや位置を示します。操作の状況によって形が変わります。

❾ ワークシート

エクセルの作業領域です。シートともいいます。標準では1枚のワークシートが表示されます。

❿ シート見出し

ファイルに含まれるワークシートの名前です。

⓫ スクロールバー

画面に収まりきらない部分がある場合に、バー上のボックス（スクロールボックス）を上下左右にドラッグして、隠れている部分を表示します。

⓬ ズームスライダー

┃を左右にドラッグするか、━や＋を左クリックして、表示倍率を変更します。

おわり

27

Section 04 ウィンドウの大きさを変えよう

ウィンドウの大きさは、自由に変えることができます。自分の作業しやすいサイズに変えてみましょう。また、ウィンドウは移動することもできます。

●操作に迷ったときは…… 左クリック **13** ページ ドラッグ **14** ページ

ウィンドウを小さくしよう

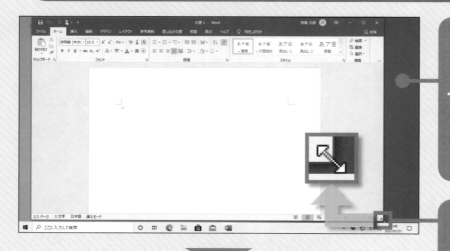

1 21ページの方法で、ワード（エクセル）を開きます

2 ウィンドウの枠に ポインター を移動すると に変わります

3 そのまま好きなところまでドラッグします

逆方向にドラッグすると、ウィンドウは大きくなります

ウィンドウの
4 大きさが
変わりました

> ! エクセルでも操作は同
> じです

おわり

ウィンドウの最大化と縮小

ウィンドウの右上にある
□ を左クリックすると、
全画面表示になります。
🗗 を左クリックすると、
もとの大きさに戻ります。

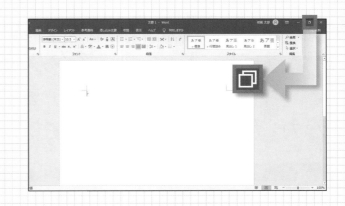

ウィンドウを移動する

ウィンドウの上部をドラッグすると、ウィンドウを自由
に移動させることができます。

ここをドラッグ
します

Section 05 日本語入力の しくみを知ろう

文字を入力するときは、日本語用と英数字用の「入力モード」を切り替えます。
ここでは、入力モードの違いと切り替え方法を覚えましょう。

● 操作に迷ったときは……　左クリック **13** ページ　キー **16** ページ　入力 **32** ページ

文字の入力方法について知ろう

文字の入力は日本語入力システムを使い、日本語（ひらがな）
入力と半角英数入力という入力モードを切り替えて入力しま
す。入力モードは、タスクバーの通知領域で確認します。
また、キーボードの入力方法には、「ローマ字入力」と「か
な入力」があります。本書ではローマ字入力を使用します。

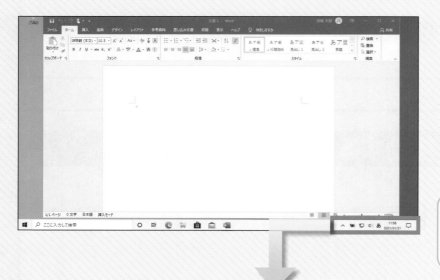

入力モードを切り替えると、
あまたは**A**に
アイコンが変化します

入力モードを確認するアイコン

入力モードについて知ろう

入力モードには、日本語を入力する「ひらがな入力モード」と、英数字を入力する「半角英数字入力モード」があります。キーボードの 半角/全角 キーを押すか、入力モードアイコン（ あ ／ A ）を左クリックすると、入力モードが切り替わります。

●ひらがな入力モード

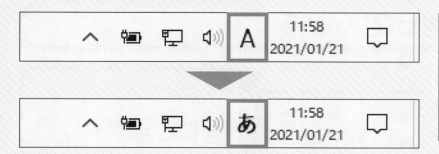

キーボードの 半角/全角 キーを押すと、 A が あ に替わります

あいうえお１２３↵

日本語が入力できるようになります

●半角英数字入力モード

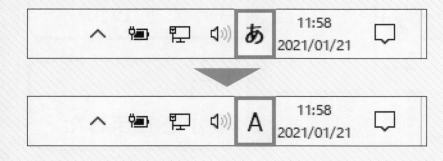

キーボードの 半角/全角 キーを押すと、 あ が A に替わります

aiueo123↵

英数字が入力できるようになります

おわり

31

Section 06 日本語を入力しよう

キーボードを使って日本語を入力する方法として、「ローマ字入力」と「かな入力」の2つがあります。本書では、ローマ字入力で解説します。

● 操作に迷ったときは…… 左クリック **13** ページ 右クリック **13** ページ キー **16** ページ

ローマ字入力を使ってみよう

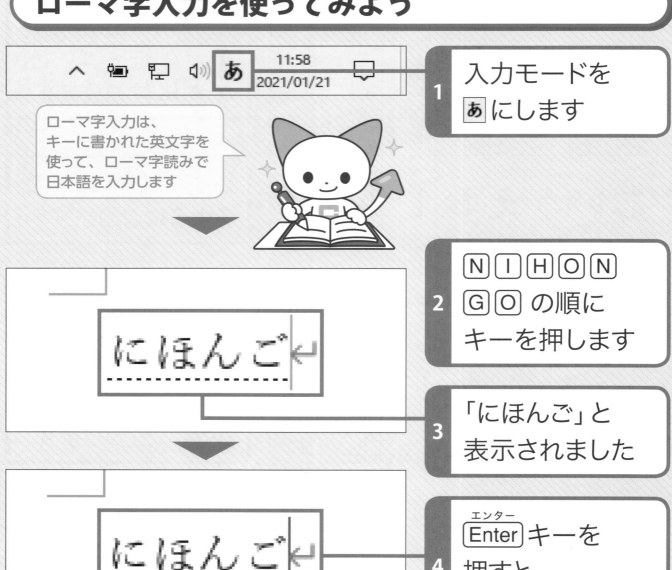

1 入力モードを **あ** にします

ローマ字入力は、キーに書かれた英文字を使って、ローマ字読みで日本語を入力します

2 NIHON GO の順にキーを押します

3 「にほんご」と表示されました

4 エンター Enter キーを押すと入力が完了します

ローマ字入力とかな入力を切り替えてみよう

ローマ字入力とかな入力は、入力モードアイコンを右クリックしてメニューから設定します。ここではローマ字入力を選択します。かな入力を選択すると、キーに書かれたひらがなをそのまま入力できます。

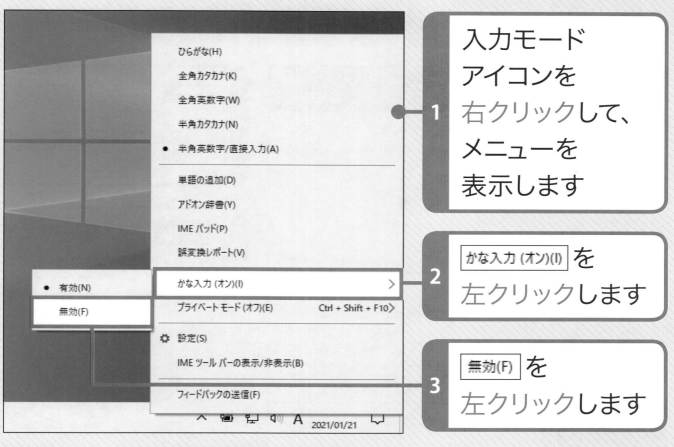

1 入力モードアイコンを右クリックして、メニューを表示します

2 かな入力 (オン)(I) を左クリックします

3 無効(F) を左クリックします

●メニュー表示が異なる場合

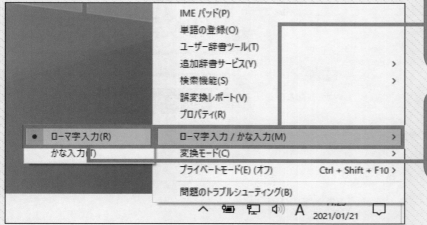

1 ローマ字入力 / かな入力(M) を左クリックします

2 ローマ字入力(R) を左クリックします

おわり

Section 07 文書／表を保存しよう

作成した文書／表をいつでも呼び出せるように、ファイルに名前を付けて保存します。保存した場所を覚えておきましょう。

● 操作に迷ったときは…… 左クリック **13** ページ 入力 **32** ページ

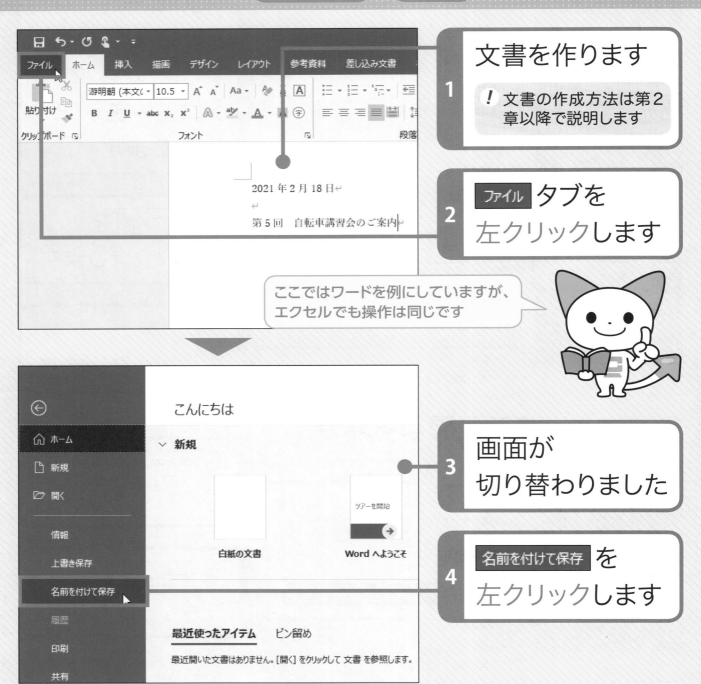

1 文書を作ります

　! 文書の作成方法は第2章以降で説明します

2 ファイル タブを 左クリックします

ここではワードを例にしていますが、エクセルでも操作は同じです

3 画面が 切り替わりました

4 名前を付けて保存 を 左クリックします

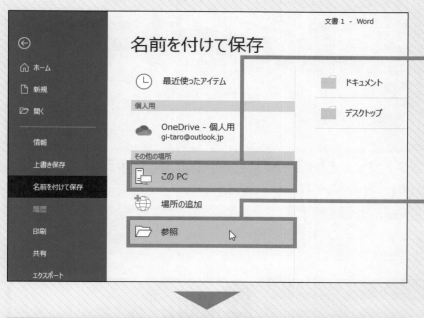

5 <kbd>このPC</kbd> を
左クリックします

6 <kbd>参照</kbd> を
左クリックします

7 <kbd>ドキュメント</kbd> を
左クリックします

! ここに文書が保存され
ます

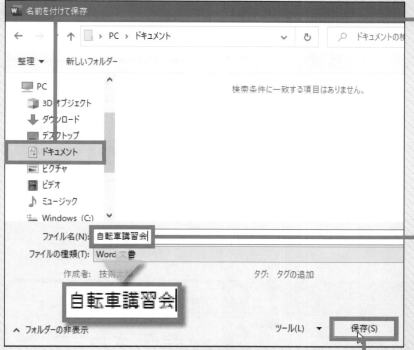

8 ここを左クリック
してファイルの
名前を入力します

! 日本語入力の方法につ
いては、32ページを
参照してください

9 <kbd>保存(S)</kbd> を
左クリックします

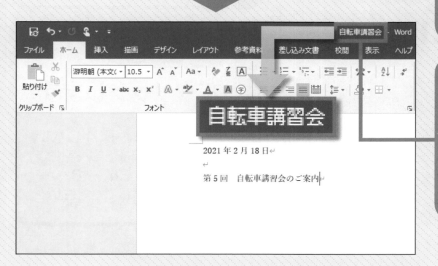

10 文書が
保存されました

! ファイルの名前がここ
に表示されます

おわり

Section 08 ワード／エクセルを 閉じよう

ワード／エクセルを使い終わったら、ウィンドウを閉じます。作成中の文書／表を保存するかどうかを確認してから閉じましょう。

● 操作に迷ったときは…… 左クリック **13** ページ

1 閉じる ☒ に ポインター ▷ を 移動します

2 閉じる ☒ に変わったら 左クリックします

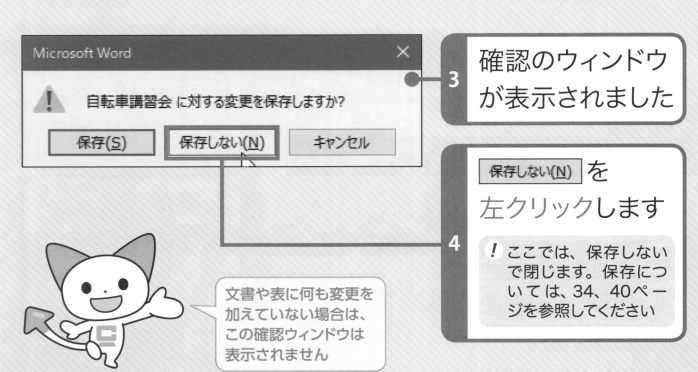

3 確認のウィンドウ が表示されました

4 保存しない(N) を 左クリックします

⚠ ここでは、保存しないで閉じます。保存については、34、40ページを参照してください

文書や表に何も変更を加えていない場合は、この確認ウィンドウは表示されません

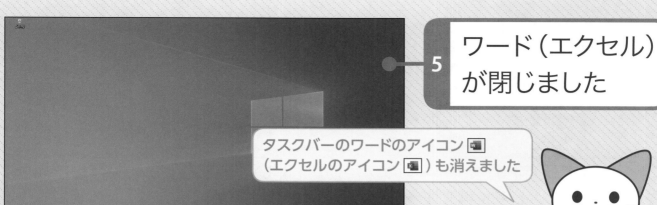

| 5 | ワード（エクセル）が閉じました |

タスクバーのワードのアイコン （エクセルのアイコン）も消えました

おわり

Column 保存しないで閉じる場合

保存しないで × を左クリックすると、今まで入力していた内容を保存し忘れて消してしまわないように確認ウィンドウが表示されます。

×

このファイルの変更内容を保存しますか？

ファイル名

文書1 .docx

場所を選択

📁 ドキュメント
ドキュメント ▼

その他の保存オプション →

保存(S)　保存しない(N)　キャンセル

閉じるのをやめます

保存先、ファイル名を指定し、保存して閉じます

現在入力している内容を保存しないで閉じます

Section 09 保存した文書／表を開こう

34ページで保存した文書や表のファイルを開いてみましょう。保存した場所を開いて、ファイルを探します。

● 操作に迷ったときは…… 左クリック 13ページ

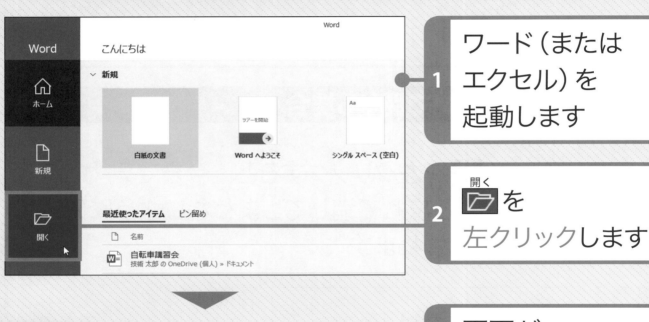

1 ワード（またはエクセル）を起動します

2 開く 📂を左クリックします

3 画面が切り替わりました

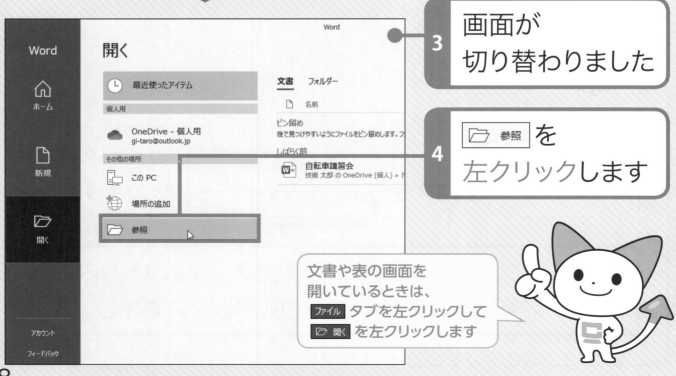

4 📁 参照 を左クリックします

文書や表の画面を開いているときは、ファイル タブを左クリックして 📂 開く を左クリックします

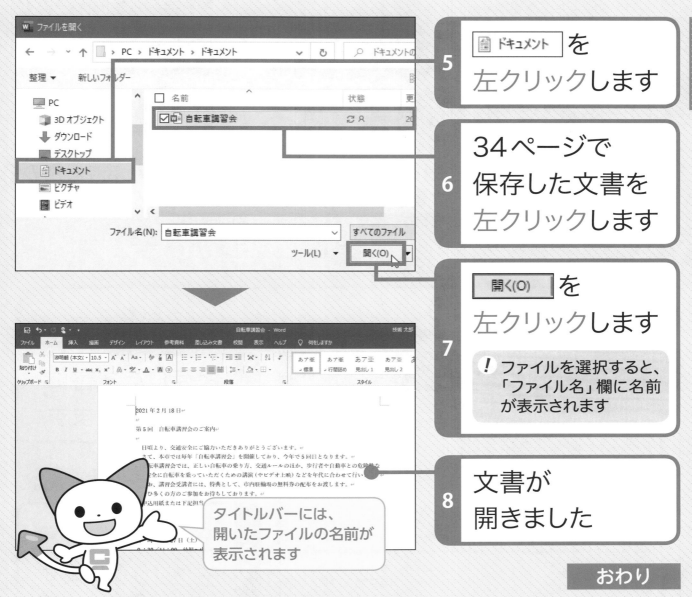

5 📄 ドキュメント を
左クリックします

6 34ページで
保存した文書を
左クリックします

7 開く(O) を
左クリックします

❗ ファイルを選択すると、
「ファイル名」欄に名前
が表示されます

8 文書が
開きました

タイトルバーには、
開いたファイルの名前が
表示されます

おわり

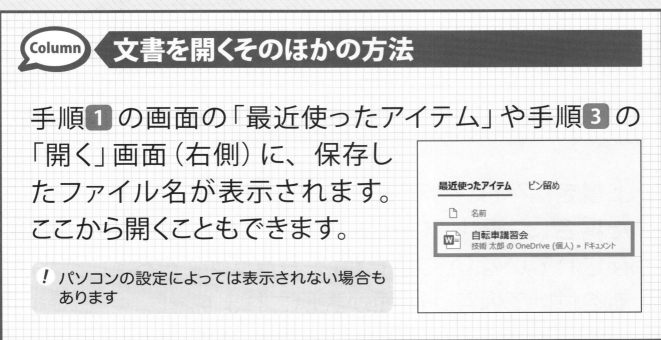

Column 文書を開くそのほかの方法

手順 1 の画面の「最近使ったアイテム」や手順 3 の
「開く」画面（右側）に、保存し
たファイル名が表示されます。
ここから開くこともできます。

❗ パソコンの設定によっては表示されない場合も
あります

最近使ったアイテム　ピン留め

📄　名前

W❘ 自転車講習会
技術 太郎 の OneDrive (個人) » ドキュメント

Section 10 開いた文書／表を 上書き保存しよう

39ページで開いた文書／表に編集を加えたあとで上書き保存します。別の名前を付けることで、違う文書として保存することもできます。

● 操作に迷ったときは…… 左クリック **13** ページ キー **16** ページ 入力 **32** ページ

上書き保存しよう

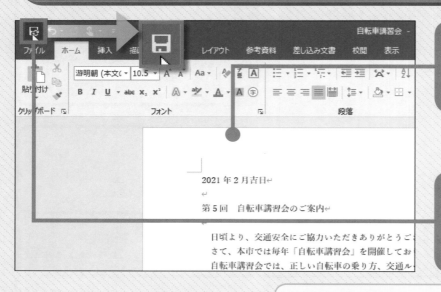

1 保存した文書に編集を加えます

2 上書き保存 を 左クリックします

上書き保存をしても、メッセージなどは表示されません

解説 上書き保存

上書き保存は、すでに保存された文書に編集を加えた場合に、同じファイル名で保存する方法です。保存されていない文書で を左クリックすると、＜名前を付けて保存＞画面が表示されます。

別の名前で保存しよう

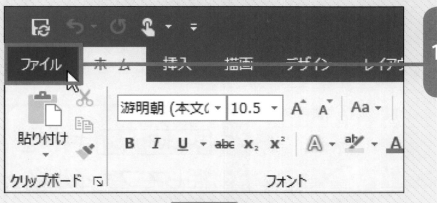

1 ファイル タブを
左クリックします

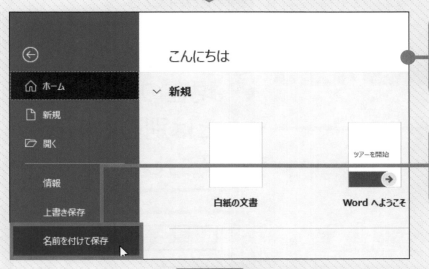

2 画面が
切り替わりました

3 名前を付けて保存 を
左クリックします

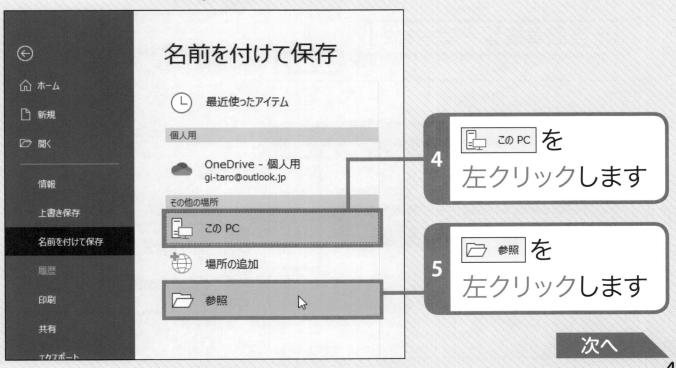

4 この PC を
左クリックします

5 参照 を
左クリックします

次へ

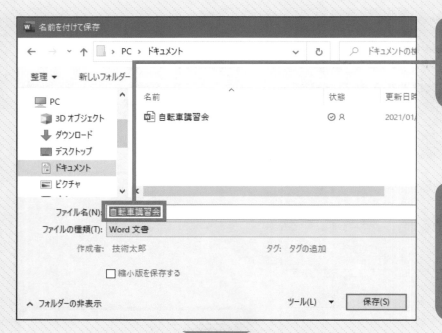

6 現在の名前が選択されています

7 BackSpace キーを押してファイル名を消します

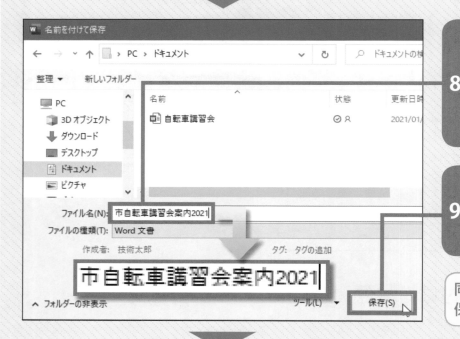

8 現在の文書名とは別の名前を入力します

9 保存(S) を左クリックします

同じ場所に同じ名前で保存することはできません

10 別の名前で保存されました

おわり

42

保存先を変更するには

本書では、保存先を 🏠 ドキュメント にしています。この保存場所は、自由に変更することができます。

34ページの操作で＜名前を付けて保存＞ウィンドウを開き、保存したい場所（ここでは 🖥 デスクトップ ）を左クリックして選択します。

また、 新しいフォルダー を左クリックして、フォルダーを作成し、その中に保存することもできます。

1 41ページの方法で、ウィンドウを開きます

フォルダーを作成できます

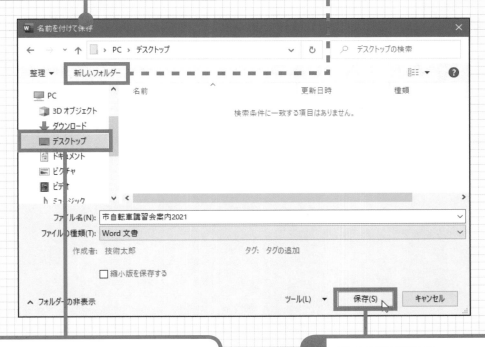

2 変更したい保存先を左クリックします

3 保存(S) を左クリックします

第2章

かんたんな文書を作成しよう

実際に、キーボードを使って、日付や日本語などの文字を入力しましょう。また、漢字、記号、アルファベットなどの入力や文字の修正方法も覚えましょう。ここでは、文書の基本となる文章を入力していきます。

2

この章でできるようになること

2021年2月吉日

第5回　自転車講習会のご案内

　日頃より、交通安全にご協力いただきありがとうございます。
　本市では毎年「自転車講習会」を開催しており、今年で5回目となります。
　自転車講習会では、正しい自転車の乗り方、交通ルールなど、安全に自転車を乗っていた
だくための講演（やビデオ上映）を年代に合わせて行います。
　ぜひ多くの方のご参加をお待ちしております。
　申込用紙または下記担当へメールにてお申し込みください。

記

・日　時：3月28日（日）
　　　　　　9時／11時　小・中学生
　　　　　　13時／15時　高校生以上

・会　場：市民会館　大会議室

・参加費：無料

※小学生は保護者同伴でご参加ください。

以上

主催：仮野市役所交通課
メール：cycle@karinocity.com
（担当：綷田）

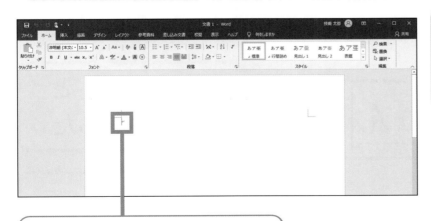

ここから入力を始めます

この章では
上の文書を作成できる
ようになります！

Section 11 日付を入力しよう

日付は、「○年」「○月」「○日」の単位で変換すると、スムーズに入力できます。
ここで入力する数字は半角でも全角でもかまいません。

●操作に迷ったときは……　左クリック **13** ページ　キー **16** ページ　入力 **32** ページ

「2021年2月18日」と入力しよう

| 1 | カーソル |I| が点滅している位置で入力を開始します
! 入力モードが **あ** になっているか確認します |

↓

| 2 | 2 0 2 1 N E N N の順にキーを押します |

| 3 | 「2021ねん」と表示されました |

２０２１ねん

| 4 | スペース キーを押します |

数字を全角（半角）にしたい場合は、
さらに スペース キーを押して
変換したい数字で
Enter キーを押します

5 「2021 年」と
変換されました

2021 年↵

6 続けて、
② G A T U と
キーを押して、
スペース キーを
押します

! 変換したあと、続けて
文字を入力すると、前
の文字が確定されます

2021 年 2 月↵

7 「2月」と
変換されました

8 ① ⑧ N I T I
とキーを押して、
スペース キーを
押します

2021 年 2 月 18 日↵

9 エンター
Enter キーを
押します

10 日付が
入力されました

2021 年 2 月 18 日↵

おわり

Section 12 文字を削除して修正しよう

削除したい文字の左側にカーソルを置いて、[Delete]キーを押します。キーを押すたびに1文字ずつ削除されます。

● 操作に迷ったときは…… 左クリック **13** ページ キー **16** ページ 入力 **32** ページ

1 ここを 左クリックし [I]（カーソル）を 移動します

2021 年 2 月 |18 日 ↵

2 [Delete]（デリート）キーを 2回押します

! [Delete]キーの場所は、16ページを参照してください

2021 年 2 月 |日 ↵

3 「18」の文字が 消えました

ここでは、「18日」を「吉日」に修正します

4 「きち」と入力し [スペース]キーを 押します

2021 年 2 月 きち 日 ↵

2021 年 2 月 吉 日 ↵

5 「吉」と
変換されたら
[Enter]キーを
押します

エンター

2021 年 2 月 吉 日 ↵

6 文字が
修正されました

おわり

解説 [BackSpace]キーで文字を削除する

[Delete]キーのほかに、[BackSpace]キーでも文字を削除することができます。[BackSpace]キーは、|の位置より前（左側）の文字を削除する場合に利用します。

2021 年 2 月 吉 日 ↵

1 |をここに移動して、
[BackSpace]キーを押します

カーソル

バックスペース

2021 年 2 月 日 ↵

2 左側にあった1文字が
削除されました

Section 13 次の行へ移動しよう

次の行に入力するには、行の最後尾にカーソルを置いた状態で、[Enter]キーを押してカーソルを移動します。

● 操作に迷ったときは…… 左クリック **13** ページ　キー **16** ページ

1 日の右側を左クリックします

2021 年 2 月吉日

文字を入力できる位置を示す点滅している [] を「カーソル」と呼びます

エンター
2 [Enter]キーを押します

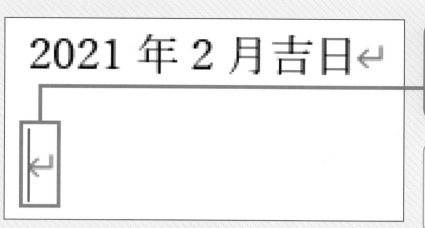

3 カーソル
|I| が次の行に
移動しました

Enter キーを押すと、
次の行にも ↵ が表示されます。
これを「段落記号」と呼びます。
段落記号は印刷されません

4 エンター
Enter キーを
押します

5 カーソル
|I| が次の行に
移動しました

おわり

Section 14 文書のタイトルを入力しよう

文書のタイトルは、文書の内容がわかるようなものにするとよいでしょう。
ここでは、「第5回　自転車講習会のご案内」と入力します。

● 操作に迷ったときは…… キー **16** ページ　入力 **32** ページ

「第5回　自転車」と入力しよう

↵

だい５かい ↵

1 D A I 5 K A I の順にキーを押します

2 スペース キーを押します

第５回 ↵

3 「第5回」と変換されました

4 エンター Enter キーを押して確定します

Column 予測候補から入力する

キーを数文字押すと、自動的に文字の候補が表示される場合があります。これを予測候補といい、ここから選択して入力することもできます。

だい5 ↵
第5回	× ♀
台5回	
第5	
第5話	
第5項	

2021 年 2 月吉日↵

↵

第 5 回□

5 スペース キーを
押します

6 1文字分の空白が
入力されました

! □はスペースを表す記号です。
スペースがわかりやすいように、
ホーム タブの ↵（編集記号の表
示）を左クリックして表示してい
ます

2021 年 2 月吉日↵

↵

第 5 回□じてんしゃ↵

7 J I T E N S Y A
の順にキーを
押します

8 スペース キーを
押します

2021 年 2 月吉日↵

↵

第 5 回□

9 ほかの文字に
変換されました

10 もう一度
スペース キーを
押します

次へ

53

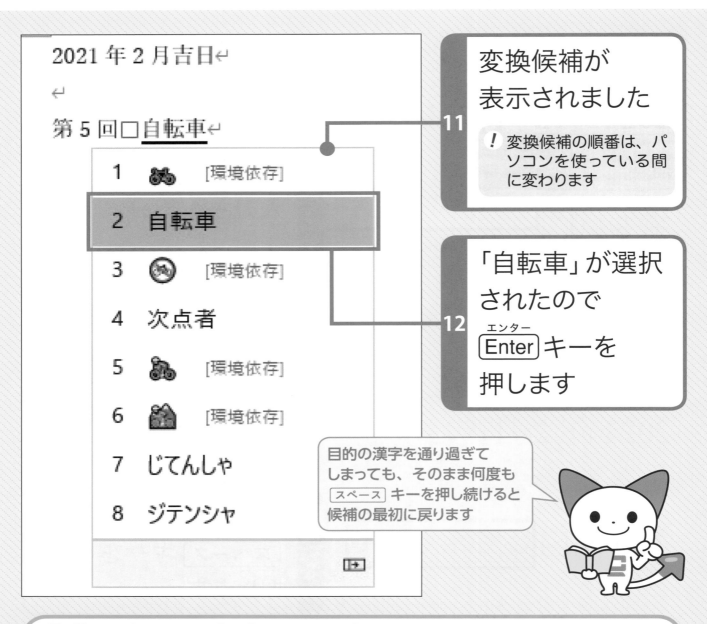

変換候補が
表示されました

11

! 変換候補の順番は、パ
ソコンを使っている間
に変わります

「自転車」が選択
されたので
Enter キーを
押します

12

目的の漢字を通り過ぎて
しまっても、そのまま何度も
スペース キーを押し続けると
候補の最初に戻ります

「講習会のご案内」と入力しよう

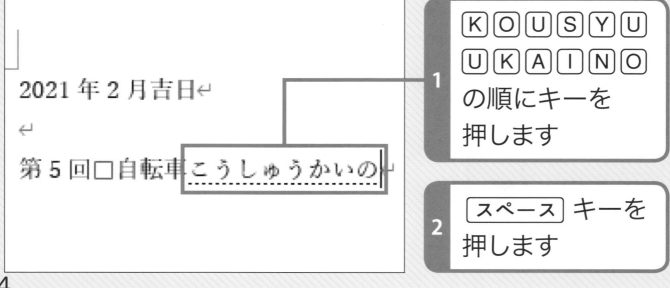

K O U S Y U
U K A I N O
の順にキーを
押します

1

スペース キーを
押します

2

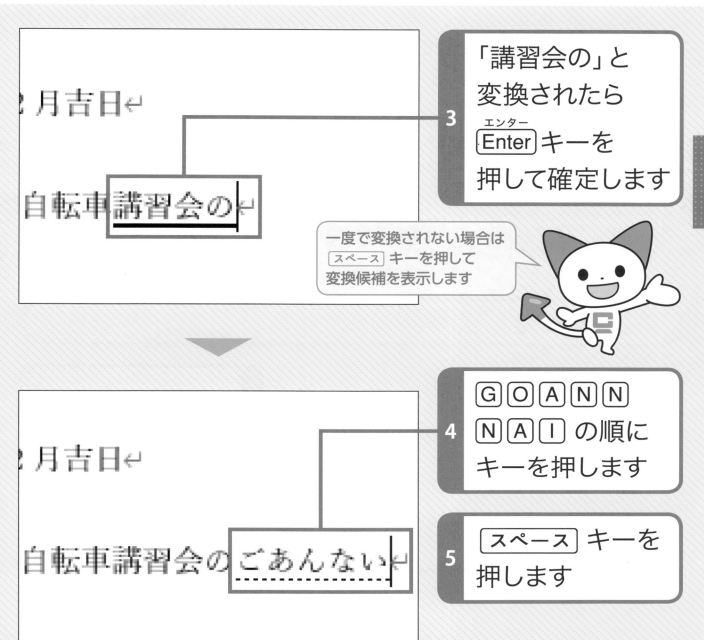

2 月吉日↵

自転車講習会の↵

3 「講習会の」と変換されたら Enter〔エンター〕キーを押して確定します

一度で変換されない場合は スペース キーを押して変換候補を表示します

2 月吉日↵

自転車講習会の ごあんない↵

4 GOANNNAI の順にキーを押します

5 スペース キーを押します

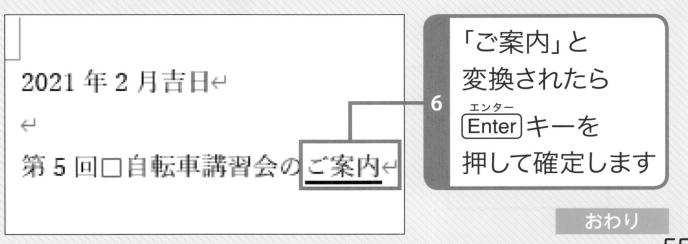

2021 年 2 月吉日↵

↵

第 5 回□自転車講習会の ご案内↵

6 「ご案内」と変換されたら Enter〔エンター〕キーを押して確定します

おわり

Section 15 本文の内容を入力しよう

漢字に変換したり、句読点を使って本文を入力してみましょう。単語や文節で区切りながら変換していくと、長い文章もスムーズに入力できます。

●操作に迷ったときは…… 左クリック **13** ページ ／ キー **16** ページ ／ 入力 **32** ページ

本文を入力しよう

2021 年 2 月吉日↵
↵
第 5 回□自転車講習会のご案内↵
↵
□↵

1 エンター Enter キーを2回押します

2 スペース キーを押して1文字分空白を入力します

2021 年 2 月吉日↵
↵
第 5 回□自転車講習会のご案内↵
↵
□ひごろより、↵

3 「ひごろより、」と入力し スペース キーを押します

「、」を入力するには キーを押します

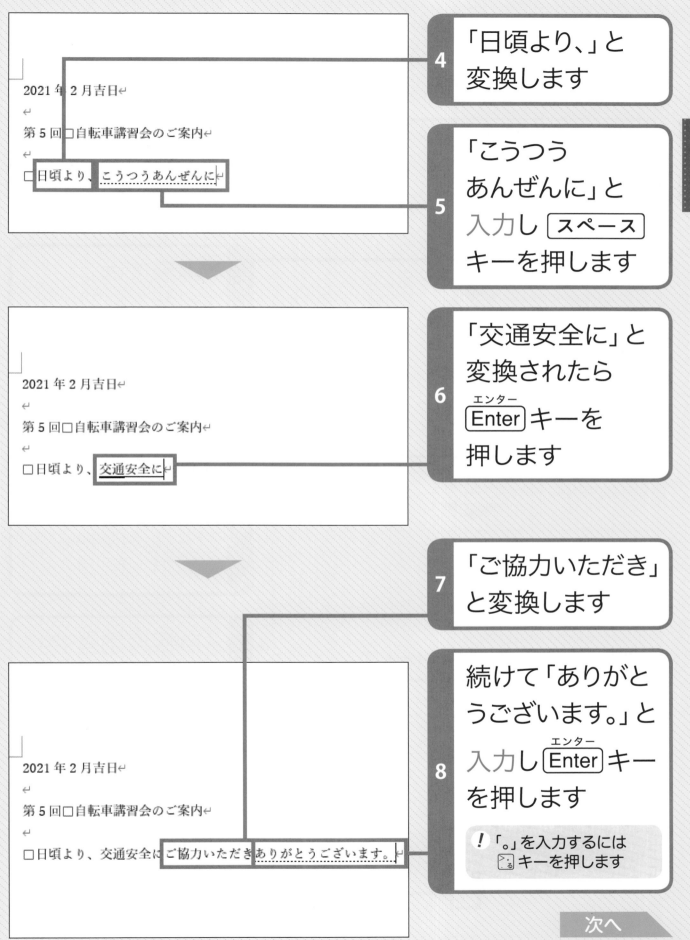

4 「日頃より、」と変換します

2021 年 2 月吉日↵
↵
第 5 回□自転車講習会のご案内↵
↵
□日頃より、 こうつうあんぜんに↵

5 「こうつうあんぜんに」と入力し スペース キーを押します

6 「交通安全に」と変換されたら Enter キーを押します

2021 年 2 月吉日↵
↵
第 5 回□自転車講習会のご案内↵
↵
□日頃より、交通安全に↵

7 「ご協力いただき」と変換します

8 続けて「ありがとうございます。」と入力し Enter キーを押します

! 「。」を入力するには
る キーを押します

2021 年 2 月吉日↵
↵
第 5 回□自転車講習会のご案内↵
↵
□日頃より、交通安全にご協力いただきありがとうございます。↵

次へ

57

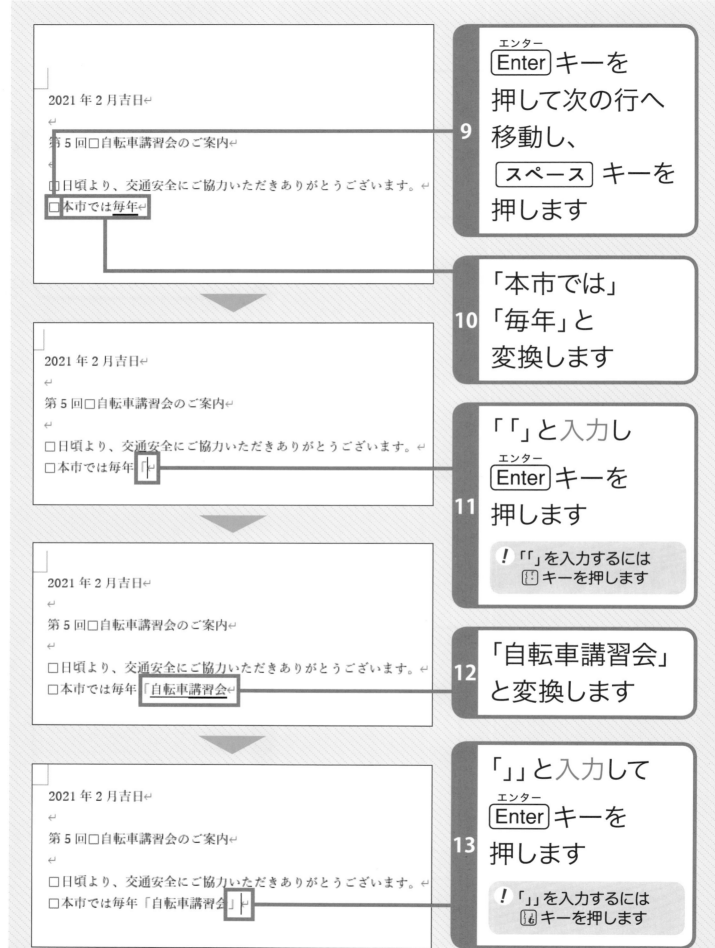

9
<kbd>Enter</kbd>キーを
押して次の行へ
移動し、
<kbd>スペース</kbd> キーを
押します

2021 年 2 月吉日↵
↵
第 5 回□自転車講習会のご案内↵
↵
□日頃より、交通安全にご協力いただきありがとうございます。↵
□本市では毎年↵

10
「本市では」
「毎年」と
変換します

2021 年 2 月吉日↵
↵
第 5 回□自転車講習会のご案内↵
↵
□日頃より、交通安全にご協力いただきありがとうございます。↵
□本市では毎年「↵

11
「「」と入力し
<kbd>Enter</kbd>キーを
押します

! 「「」を入力するには
キーを押します

2021 年 2 月吉日↵
↵
第 5 回□自転車講習会のご案内↵
↵
□日頃より、交通安全にご協力いただきありがとうございます。↵
□本市では毎年「自転車講習会↵

12
「自転車講習会」
と変換します

2021 年 2 月吉日↵
↵
第 5 回□自転車講習会のご案内↵
↵
□日頃より、交通安全にご協力いただきありがとうございます。↵
□本市では毎年「自転車講習会」↵

13
「」」と入力して
<kbd>Enter</kbd>キーを
押します

! 「」」を入力するには
キーを押します

本文の続きを入力しよう

1 「を開催しており、今年で5回目となります。」と入力します

2 Enter（エンター）キーを押して次の行に移動します

2021 年 2 月吉日↵
↵
第 5 回□自転車講習会のご案内↵
↵
□日頃より、交通安全にご協力いただきありがとうございます。↵
□本市では毎年「自転車講習会」を開催しており、今年で 5 回目となります。↵
□自転車講習会では、正しい自転車の乗り方、交通ルールなど、安全に自転車を乗っていただくための講演（やビデオ上映）を年代に合わせて行います。↵
□ぜひ多くの方のご参加をお待ちしております。↵
□申込用紙または下記担当へメールにてお申し込みください。↵
↵
↵

3 残りの文章を入力します

！「（」を入力するには Shift キーを押しながら ゆ キー、「）」は よ キーを押します

4 Enter（エンター）キーを2回押します

各段落の先頭は スペース キーを1回押して1文字下げます

おわり

59

Section 16 記書きを入力しよう

案内文書などでは、「記」のあとに案内の詳細を入力します。ワードには、「記」を入力すると自動的に「以上」が入力される機能があります。

● 操作に迷ったときは…… キー **16** ページ　入力 **32** ページ

□自転車講習会では、正しい自転
だくための講演（やビデオ上映）
□ぜひ多くの方のご参加をお待ち
□申込用紙または下記担当へメー
←
←

1 入力を開始する
カーソル
Ｉ の位置を
確認します

2 Ｋ Ｉ の順に
キーを押します

入力する場所が
わからなくなったら、
59ページを参照してください

□自転車講習会では、正しい自転
だくための講演（やビデオ上映）
□ぜひ多くの方のご参加をお待ち
□申込用紙または下記担当へメー
←
き←

3 「き」と
入力します

4 スペース キーを
2回押します

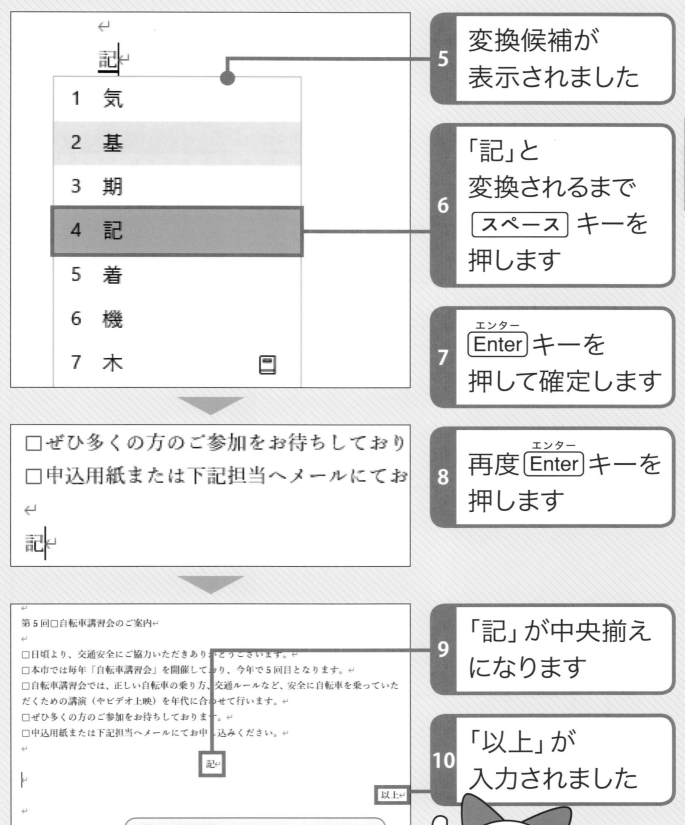

5 変換候補が表示されました

6 「記」と変換されるまで スペース キーを押します

7 エンター Enter キーを押して確定します

8 再度 エンター Enter キーを押します

9 「記」が中央揃えになります

10 「以上」が入力されました

「記」と入力して Enter キーを押すと、「以上」が自動的に入力される機能を「入力オートフォーマット」といいます

おわり

Section 17 箇条書きを入力しよう

案内文書では、日時や場所など詳細な内容を箇条書きで書くと見やすくなります。ここでは、「：」や「／」なども入力してみましょう。

●操作に迷ったときは…… 左クリック **13**ページ　キー **16**ページ　入力 **32**ページ

「日時」の行を入力しよう

□申込用紙または下記担当へメールにてお申し
記
・日時

1 エンター **Enter**キーを押して改行します

□申込用紙または下記担当へメールにてお申し
記
・日時：

2 「・日時」と入力します

!「・」を入力するには `?/め`キーを押します

3 「：」と入力します

!「：」を入力するには `*:け`キーを押します

□申込用紙または下記担当へメールにてお申し
記
・日時：3月28日

4 日付を入力します

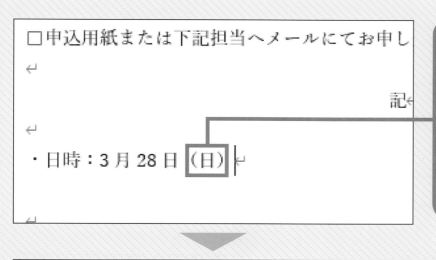

5 「（日）」と
入力します

> ⚠ 「（」／「）」を入力する
> には Shift キーを押しな
> がら ［（ゆ8ゆ］ キー／ ［）よ9］
> キーを押します

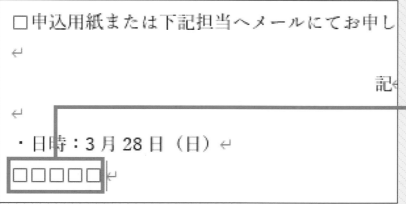

6 スペース キーを
5回押して
空白を入れます

> ⚠ 空白のほかに、インデ
> ントも利用できます
> （Sec.27を参照）

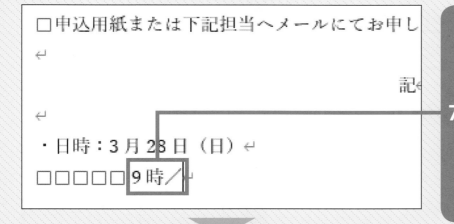

7 「9時」と「／」を
入力します

> ⚠ 「／」を入力するには数
> 字キーの ［／］ キー、ま
> たは ［?／め］ キーを押して
> スペース キーで変換し
> ます

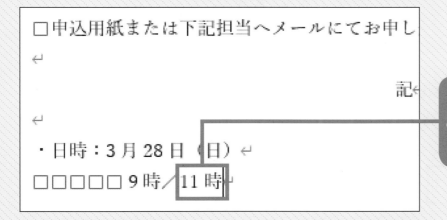

8 「11時」と
入力します

次へ

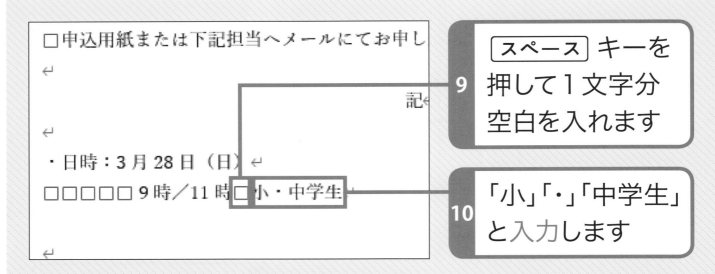

9 スペース キーを押して1文字分空白を入れます

10 「小」「・」「中学生」と入力します

各項目を入力しよう

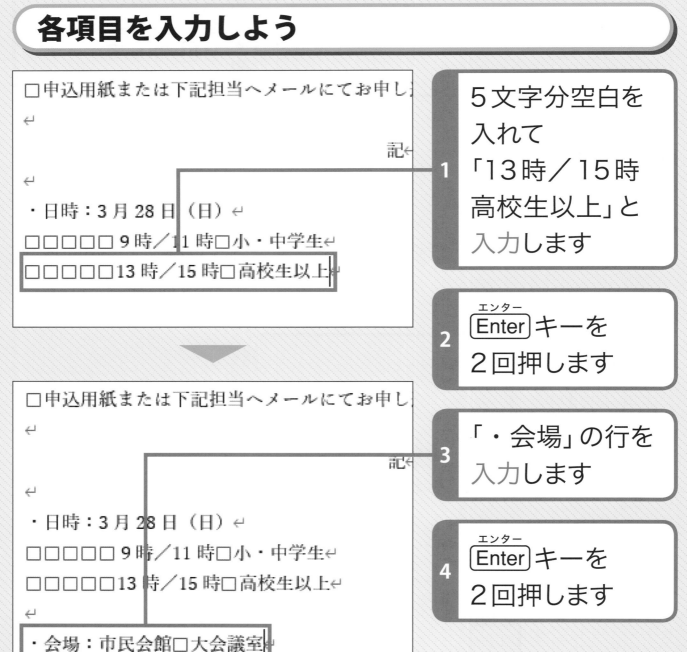

1 5文字分空白を入れて「13時／15時 高校生以上」と入力します

2 Enter キーを2回押します

3 「・会場」の行を入力します

4 Enter キーを2回押します

・日時：3月28日（日）↵
□□□□□9時／11時□小・中学生↵
□□□□□13時／15時□高校生以上↵
↵
・会場：市民会館□大会議室↵
↵
・参加費：無料↵

5 「・参加費」の行
を入力します

↓

・日時：3月28日（日）↵
□□□□□9時／11時□小・中学生↵
□□□□□13時／15時□高校生以上↵
↵
・会場：市民会館□大会議室↵
↵
・参加費：無料↵

6 ここを左クリック
して I（カーソル）を
移動します

7 スペース キーを
押します

↓

・日□時：3月28日（日）↵
□□□□□9時／11時□小・中学生↵
□□□□□13時／15時□高校生以上↵
↵
・会場：市民会館□大会議室↵
↵
・参加費：無料↵

8 1文字分空白が
入ります

項目を同じ文字数にすると
きれいに揃います

↓

・日□時：3月28日（日）↵
□□□□□9時／11時□小・中学生↵
□□□□□13時／15時□高校生以上↵
↵
・会□場：市民会館□大会議室↵
↵
・参加費：無料↵

9 ほかの項目も
空白を入れます

おわり

Section 18 記号を入力しよう

ここでは、注意書きなどに使われる「※」印を入力しましょう。かんたんな記号は「こめ」などの読みを変換すると入力することができます。

● 操作に迷ったときは…… 左クリック **13**ページ キー **16**ページ 入力 **32**ページ

・会□場：市民会館□大会議室↵

・参加費：無料↵

↵

1 改行して ^{カーソル}|I| を移動します

2 |K||O||M||E|とキーを押します

・会□場：市民会館□大会議室↵

↵

・参加費：無料↵

↵

こめ|

3 「こめ」と表示されました

4 |スペース| キーを2回押します

・参加費：無料↵

↵

米|

1	込め	
2	米	
3	コメ	

5 変換候補が表示されます

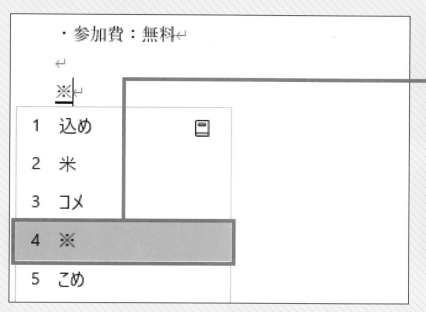

6		スペース キーを押して「※」に移動します
7		エンター Enter キーを押します

8		「※」が入力されました
9		文章を入力します

おわり

Column　入力できる記号のいろいろ

記号には、○や■、☆、〒などいろいろな種類があります。単純な記号を入力する場合は形や名称を読みにして変換することができます。

記号	読み
○●◎	まる
□◆◇	しかく
☆★＊	ほし
〒	ゆうびん

Section 19 アルファベットを入力しよう

アルファベットを入力する場合は、半角英数字入力モードに切り替えます。
英字のキーを押すとそのままアルファベットが直接入力されます。

●操作に迷ったときは…… 左クリック **13** ページ ／ キー **16** ページ ／ 入力 **32** ページ

※小学生は保護者同伴でご参加ください。↵

↵

主催：仮野市役所交通課↵
メール：↵

1 必要な文章を入力します

2 半角/全角 キーを押して入力モードを A にします

※小学生は保護者同伴でご参加ください。↵

↵

主催：仮野市役所交通課↵
メール：c↵

3 C のキーを押します

4 「c」と小文字が入力されます

※小学生は保護者同伴でご参加ください。↵

↵

主催：仮野市役所交通課↵
メール：cycle↵

5 続けて「ycle」と入力します

! 先頭の「c」が大文字になった場合は、218ページを参照してください

※小学生は保護者同伴でご参加ください。↵

↵

主催：仮野市役所交通課↵
メール：cycle@↵

6 「@」を
入力します

! 「@」を入力するには
[@] キーを押します

※小学生は保護者同伴でご参加ください。↵

↵

主催：仮野市役所交通課↵
メール：cycle@karinocity.com↵

7 「karinocity.
com」と
入力して
エンター
[Enter]キーを
押します

※小学生は保護者同伴でご参加ください。↵

↵

主催：仮野市役所交通課↵
メール：cycle@karinocity.com↵
↵

8 青字になり
下線が
引かれました

9 バックスペース
[Backspace]キーを
押します

※小学生は保護者同伴でご参加ください。↵

↵

主催：仮野市役所交通課↵
メール：cycle@karinocity.com↵
↵

10 黒字になりました

おわり

Section 20 難しい漢字を入力しよう

読めない漢字や変換候補に表示されない漢字を入力するには、IMEパッド
を使って漢字を検索します。ここでは、「綷」を入力します。

●操作に迷ったときは…… 右クリック **13** ページ 左クリック **13** ページ ドラッグ **14** ページ

手書き入力で漢字を探そう

※小学生は保護者同伴でご参加ください。←

←

主催：仮野市役所交通課←

メール：cycle@karinocity.com←

(担当：←

1 入力モードを あ に切り替えて、必要な文字を入力します

2 漢字を入力する位置に **|** カーソル を移動します

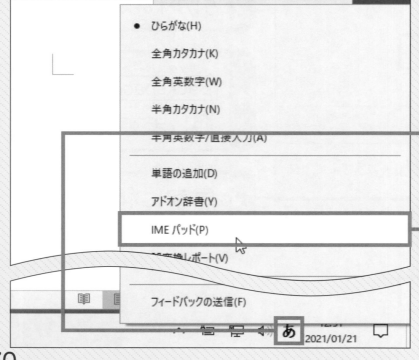

- ● ひらがな(H)
- 全角カタカナ(K)
- 全角英数字(W)
- 半角カタカナ(N)
- 半角英数字/直接入力(A)
- 単語の追加(D)
- アドオン辞書(Y)
- IME パッド(P)
- 誤変換レポート(V)
- フィードバックの送信(F)

あ 2021/01/21

3 入力モードを右クリックします

4 IME パッド(P) を左クリックします

5 IMEパッドが
表示されます

手書き
を
6 左クリックします

7 ドラッグしながら
入力したい
漢字を書きます

8 漢字の候補が
表示されます

! 候補が表示されない
場合は 認識 を左ク
リックします

書き間違えたら
戻す を左クリックすると
1画ずつ戻ります

9 目的の漢字が
表示されたら
左クリックします

次へ

10 漢字が⎸位置に挿入されます

11 Enterを左クリックします

! キーボードのEnterキーを押しても同じです

12 漢字の入力が確定します

13 ✕を左クリックしてIMEパッドを閉じます

14 残りの文字を入力します

おわり

Column 部首や総画数から漢字を探す

ここでは、IMEパッドの「手書き」を使って漢字を検索しましたが、IMEパッドにはこのほかに「総画数」や「部首」から検索することもできます。総画数の場合は、画 を左クリックして、総画数を指定します。部首の場合は、部 を左クリックして部首を選びます。それぞれ、該当する漢字が一覧で表示されるので、漢字を左クリックして Enter を左クリックします。

■総画数から探す

1 画 を左クリックします

2 ここを左クリックして、総画数を左クリックします

■部首から探す

1 部 を左クリックします

2 ここを左クリックして、部首の画数を左クリックします

3 部首を左クリックします

第3章

文書の見た目を整えよう

文書の入力を終えたら、全体の体裁を整えます。ワードには、文字の書体や大きさ、文字の色を変えたり、文字を強調したり、文字の配置を設定したりする編集機能があります。文書にメリハリを付けて、見栄えがよく読みやすい文書にしていきましょう。

3

この章でできるようになること

文字を右端や中央に揃えることができます（76〜79ページ）

2021 年 2 月吉日

第 5 回　自転車講習会のご案内

日頃より、交通安全にご協力いただきありがとうございます。
本市では毎年「自転車講習会」を開催しており、今年で 5 回目となります。
自転車講習会では、正しい自転車の乗り方、交通ルールなど、安全に自転車を
乗っていただくための講演（やビデオ上映）を年代に合わせて行います。
ぜひ多くの方のご参加をお待ちしております。
申込用紙または下記担当へメールにてお申し込みください。

記

・日　時：3 月 27 日（土）
　　　　　9 時／11 時　小・中学生
　　　　　13 時／15 時　高校生以上

・会　場：市民会館　大会議室

・参加費：無料

※小学生は必ず保護者同伴で受講してください。

文字の書体や大きさ、
文字を目立たせるような
効果を付けることができます
（80〜87 ページ）

以上

主催：仮野市役所交通課
メール　cycle@karinocity.com

行頭を下げて箇条書きを見やすく
できます（88 ページ）

Section 21 文字を右に揃えよう

文書では、日付や作成者名などは右に揃えるのが一般的です。通常は「両端揃え」になっている文字を、段落の右に揃えてみましょう。

操作に迷ったときは…… 左クリック **13** ページ ドラッグ **14** ページ

2021 年 2 月吉日↵

↵

第 5 回□自転車講習会のご案内↵

↵

□日頃より、交通安全にご協力いただきありが

□本市では毎年「自転車講習会」を開催してお

□自転車講習会では、正しい自転車の乗り方、え

だくための講演（やビデオ上映）を年代に合わせて

□ぜひ多くの方のご参加をお待ちしております。↵

□申込用紙または下記担当へメールにてお申し込み

1 右揃えにする段落内に **カーソル** **I** を移動します

右揃えは段落に対して設定します。カーソルの位置は、段落内ならどこでもかまいません

ホーム 挿入 描画 デザイン レイアウト 参考資料 差し込み文書 校閲

游明朝 (本文 10.5

フォント

段落

2021 年 2 月吉日↵

↵

第 5 回□自転車講習会のご案内↵

↵

□日頃より、交通安全にご協力いただき

□本市では毎年「自転車講習会」を開催

□自転車講習会では、正しい自転車の乗

だくための講演（やビデオ上映）を年代

2 **ホーム** タブの **右揃え** ▤ を左クリックします

! ほかのタブが表示されている場合は、**ホーム** タブを左クリックします

第5回□自転車講習会のご案内↵

□日頃より、交通安全にご協力いただきありがとうございます。↵
□本市では毎年「自転車講習会」を開催しており、今年で5回目となります。↵
□自転車講習会では、正しい自転車の乗り方、交通ルールなど、安全に自転車を乗っていただくための講演（やビデオ上映）を年代に合わせて行います。↵
□ぜひ多くの方のご参加をお待ちしております。↵
□申込用紙または下記担当へメールにてお申し込みください。↵

記↵

2021 年 2 月吉日↵

---

3 文字が右に揃いました

□□□□□9 時／11 時□小・中学生↵
□□□□□13 時／15 時□高校生以上↵

・会□場：市民会館□大会議室↵

・参加費：無料↵

※小学生は保護者同伴でご参加ください。↵

以上↵

主催：仮野市役所交通課↵
メール：cycle@karinocity.com↵
（担当：絆田）↵

---

4 この3行を
ドラッグして
選択します

! 複数の行を扱う場合
は、まとめて選択する
とよいでしょう

・日□時：3 月 28 日（日）↵
□□□□□9 時／11 時□小・中学生↵
□□□□□13 時／15 時□高校生以上↵

・会□場：市民会館□大会議室↵

・参加費：無料↵

※小学生は保護者同伴でご参加ください。↵

以上↵

主催：仮野市役所交通課↵
メール：cycle@karinocity.com↵
（担当：絆田）↵

右揃え
5 ▤を
左クリックして
右に揃えます

! もとに戻す方法は、79
ページを参照してくだ
さい

右揃えにすると
文書らしくなるね

おわり

Section 22 文字を中央に揃えよう

文字を中央に揃えることを「中央揃え」といいます。文書のタイトルなどは中央揃えにすると、何についての文章かひと目でわかりやすくなります。

● 操作に迷ったときは…… 左クリック **13** ページ

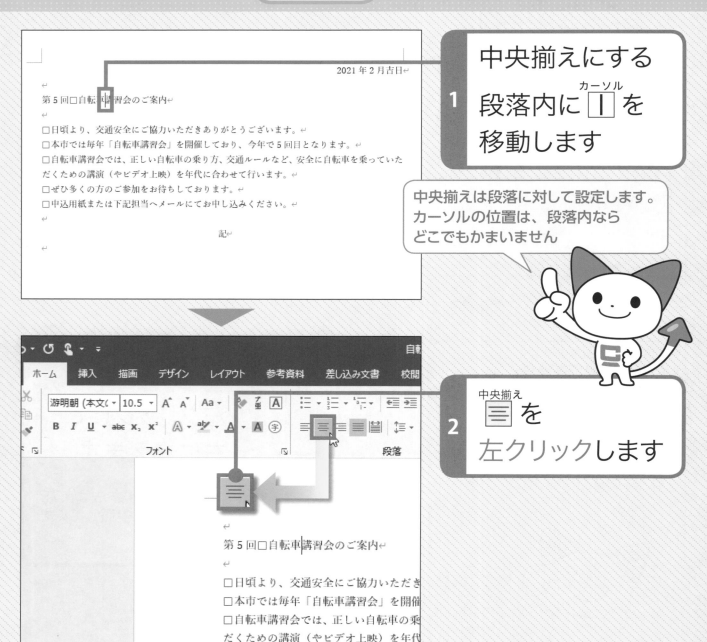

1 中央揃えにする段落内に カーソル **|** を移動します

中央揃えは段落に対して設定します。カーソルの位置は、段落内ならどこでもかまいません

2 中央揃え **☰** を左クリックします

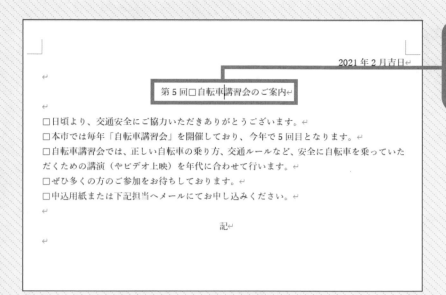

おわり

 解説　**変更した文字揃えをもとに戻す**

ホーム タブの 段落 では、カーソルのある段落に設定されている文字揃えに、色が付いて表示されます。文字揃えをもとに戻すには、右揃えや中央揃えにした段落にカーソルを移動して、≣を左クリックします。

現在は中央揃え

両端揃えに戻す

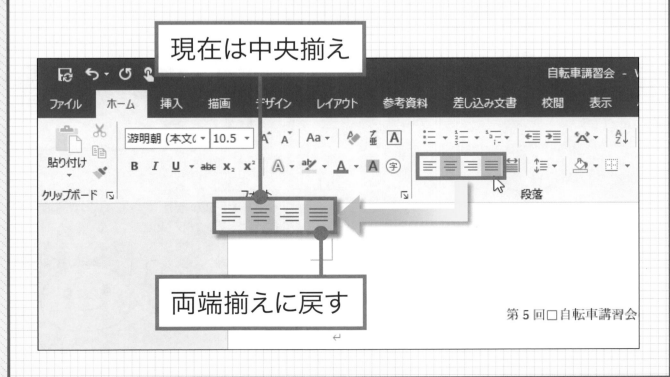

79

Section 23 文字の書体を変えよう

ワードには、たくさんの文字の書体（フォント）が用意されています。最初に設定されている「游明朝」から、ほかの種類に変えてみましょう。

●操作に迷ったときは…… 左クリック **13** ページ　ドラッグ **14** ページ

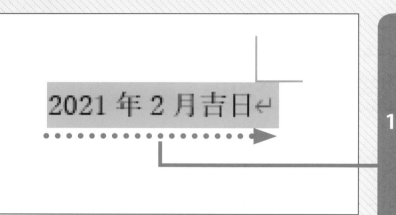

1 日付をドラッグして選択します

! 文字や行に書式を設定する場合は、最初に対象範囲を選択します

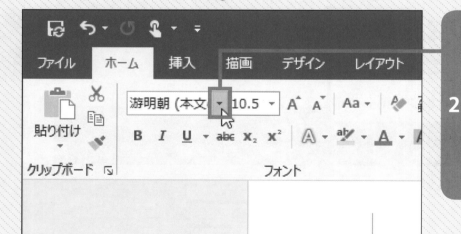

2 フォント 游明朝(本文(▼ の ▼ を左クリックします

! 標準のフォントは、「游明朝（ゆうみんちょう）」です

ほかのタブが表示されている場合は、ホーム タブを左クリックします

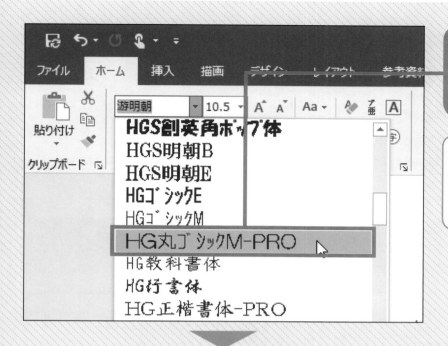

3 このフォントを
左クリックします

使いたいフォントが
表示されていない場合は、
スクロールボックスを
ドラッグして探します

2021 年 2 月吉日

4 フォントが
変更されました

! HGP 創英角ポップ体

第 5 回□自転車講習会のご案内↵

□日頃より、交通安全にご協力いただきありがとうございます。↵
□本市では毎年「自転車講習会」を開催しており、今年で 5 回目となります。↵
□自転車講習会では、正しい自転車の乗り方、交通ルールなど、安全に自転車を乗っていた
だくための講演（やビデオ上映）を年代に合わせて行います。↵
□ぜひ多くの方のご参加をお待ちしております。↵
□申込用紙または下記担当へメールにてお申し込みください。↵

記↵

・日□時：3 月 28 日（日）↵
□□□□□9 時／11 時□小・中学生↵
□□□□□13 時／15 時□高校生以上↵

・会□場：市民会館□大会議室↵

! 残りはすべて
HG 丸ゴシック M-PRO

・参加費：無料↵

※小学生は保護者同伴でご参加ください。↵

以上↵

主催：仮野市役所交通課↵
メール：cycle@karinocity.com↵
（担当：絆田）↵

5 同じようにして
ほかの文章も
フォントを
変更します

おわり

Section 24 文字の大きさを変えよう

文字の大きさ（フォントサイズ）は、自由に変更することができます。
タイトルと本文で文字の大きさを変えると、文書にメリハリがつきます。

● 操作に迷ったときは…… 左クリック **13** ページ ドラッグ **14** ページ

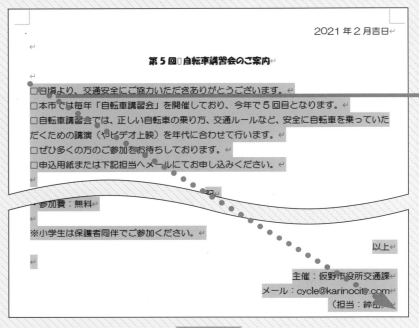

1 本文の行を ドラッグして 選択します

2021 年 2 月吉日

第 5 回　自転車講習会のご案内

□日頃より、交通安全にご協力いただきありがとうございます。
□本市では毎年「自転車講習会」を開催しており、今年で 5 回目となります。
□自転車講習会では、正しい自転車の乗り方、交通ルールなど、安全に自転車を乗っていただくための講演（やビデオ上映）を年代に合わせて行います。
□ぜひ多くの方のご参加をお待ちしております。
□申込用紙または下記担当へメールにてお申し込みください。

・参加費：無料

※小学生は保護者同伴でご参加ください。

以上

主催：仮野市役所交通課
メール：cycle@karinocity.com
（担当：縒田　　

先頭行の左余白に ⇗ を移動して下へドラッグしても選択できます

フォントサイズ
10.5 ▾ の ▾ を
左クリックします

2

! フォントサイズは「ポイント（pt）」という単位で表されます

ファイル　ホーム　挿入　描画　デザイン　レイアウト　参考資料

貼り付け
B I U ab

クリップボード

10.5 ▾
8
9
10
10.5
11
12
14
16
18
20
22
24
26

3 「12」を
左クリックします

□日頃より、交
□本市では毎年

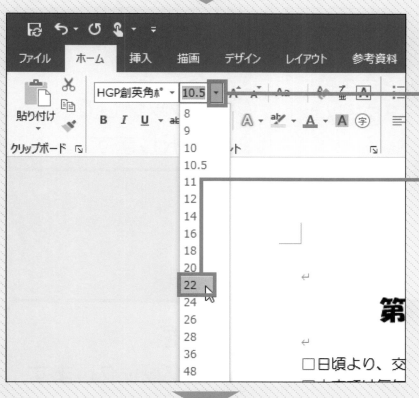

4 フォントサイズが変更されました

5 タイトルの文字をドラッグして選択します

6 フォントサイズ 10.5 の ▼ を左クリックします

7 「22」を左クリックします

数字の上に ↳ を移動すると、文章の見た目が変わります。これを「プレビュー」といいます

8 フォントサイズが変更されました

おわり

Section 25 文字を太字にしよう

文書の中で強調したい文字は、太字にするとよいでしょう。白黒で印刷する場合はとくに便利です。太字にした文字をもとに戻すのもかんたんなんです。

●操作に迷ったときは…… 左クリック **13**ページ ドラッグ **14**ページ

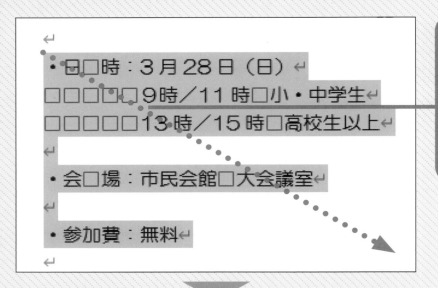

1 箇条書きの文字をドラッグして選択します

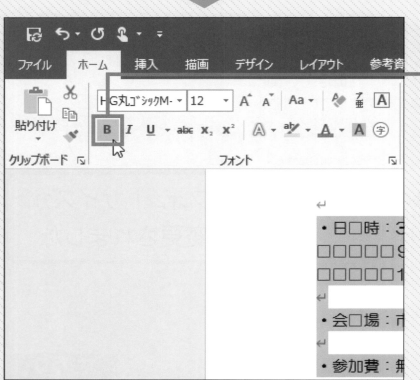

2 太字 **B** を左クリックします

I を左クリックして文字を斜体にしたり、**U** を左クリックして下線を引いたりすることもできます

・日□時：３月２８日（日）↵
□□□□□９時／１１時□小・中学生↵
□□□□□１３時／１５時□高校生以上↵
↵
・会□場：市民会館□大会議室↵
↵
・参加費：無料↵
↵

3

文字が
太字になりました

! 太字になったら、本文のどこかを左クリックして、文字が選択されていない状態に戻しましょう

おわり

Column 太字をもとに戻す

太字の文字を選択すると、ボタンが のように色が付いて表示されます。これは、選択している文字が「太字」の設定になっているという意味です。この を左クリックすると、太字が解除され、もとに戻ります。ボタンの色も に戻ります。もう一度左クリックすると、再び太字にすることができます。

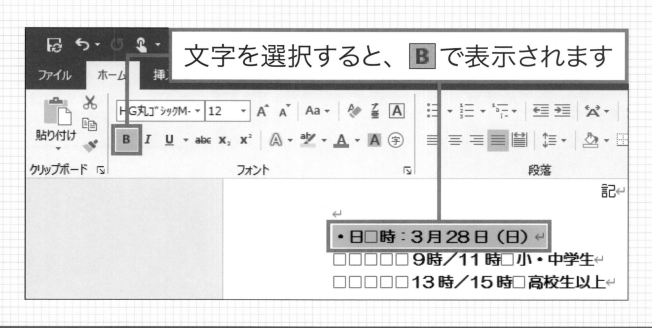

文字を選択すると、で表示されます

Section
26 文字に色を付けよう

文書の中で目立たせたい部分には、文字に色を付けるとよいでしょう。
文書をカラフルにしたり、強調したりすることができます。

● 操作に迷ったときは…… 左クリック **13** ページ ドラッグ **14** ページ

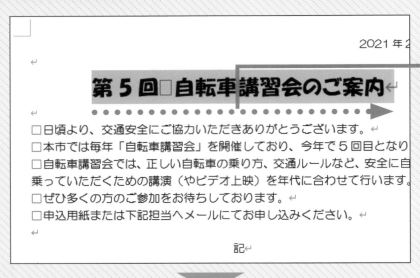

1 タイトルの文字を
ドラッグして
選択します

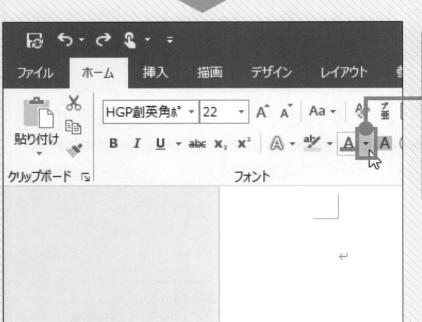

フォントの色
A ▼ の ▼ を
2 左クリックします

! A を左クリックすると、
前に使った色を付ける
ことができます

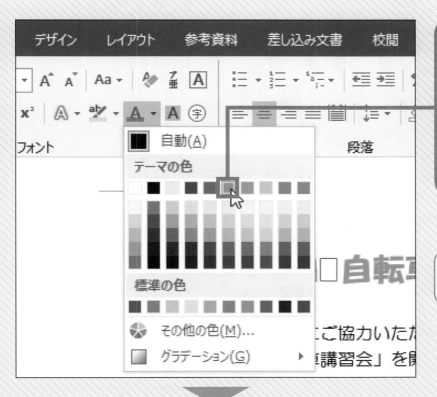

3 色に <input type="pointer"> を
移動すると、
プレビュー表示
されます

プレビューは、イメージが
確認できて便利です

4 目的の色を
左クリックします

2021 年

第 5 回□自転車講習会のご案内←

り、交通安全にご協力いただきありがとうございます。←

5 文字に色が
付きました

おわり

87

Section 27 行頭を下げて見やすくしよう

箇条書きの場合は、行頭を本文よりも1字あるいは2字程度下げると、見やすくなります。字下げには、空白のほか  を利用します。

● 操作に迷ったときは…… 左クリック **13** ページ

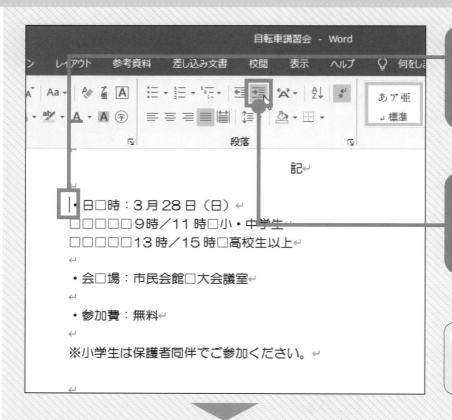

1 字下げする行に カーソル **│** を移動します

2 インデントを増やす を2回 左クリックします

! 文章の先頭の文字位置を下げることを「インデント」といいます。「字下げ」とも呼ばれます

3 行頭が2文字分下がりました

ここではインデント機能を紹介しています。字下げは、スペース キーを押して空白を入れる方法もあります

自転車講習会 - Word

| レイアウト | 参考資料 | 差し込み文書 | 校閲 | 表示 | ヘルプ | ♀ 何をしま |

段落

記←

・日□時：3月28日（日）←
□□□□□9時／11時□小・中学生←
□□□□□13時／15時□高校生以上←
←
・会□場：市民会館□大会議室←

4 次の行の先頭に
カーソル
|Ｉ| を移動します

インデントを増やす
5 ⭲ を2回
左クリックします

・日□時：3月28日（日）←
□□□□□9時／11時□小・中学生←
□□□□□13時／15時□高校生以上←
←
・会□場：市民会館□大会議室←

6 行頭が2文字分
下がりました

記←
←
・日□時：3月28日（日）←
□□□□□9時／11時□小・中学生←
□□□□□13時／15時□高校生以上←
←
・会□場：市民会館□大会議室←
←
・参加費：無料←
←
※小学生は保護者同伴でご参加ください。←

7 ほかの行も
同様にして
行頭を下げます

おわり

解説 **字下げをもとに戻す**

⭲ を利用して字下げした行をもとに戻すには、字下げした行の先頭に |Ｉ| を移動して、 BackSpace キーを押します。

文書にイラストと写真を入れよう

この章では、インターネットで検索したイラストや自分で撮った写真を文書に入れてみましょう。挿入したイラストや写真のサイズを変更したり、移動したりしてバランスを調整します。また、写真に枠などの飾りを付けることもできます。

この章でできるようになること

インターネットで検索したイラストを入れて、イラストのサイズを変更したり、移動させたりできます（92～99ページ）

2021年2月吉日

第5回　自転車講習会のご案内

日頃より、交通安全にご協力いただきありがとうございます。

本市では毎年「自転車講習会」を開催しており、今年で5回目となります。

自転車講習会では、正しい自転車の乗り方、交通ルールなど、安全に自転車を乗っていただくための講演（やビデオ上映）を年代に合わせて行います。

ぜひ多くの方のご参加をお待ちしております。

申込用紙または下記担当へメールにてお申し込みください。

記

・日　時：3月28日（日）
　　　　　9時／11時　小・中学生
　　　　　13時／15時　高校生以上

・会　場：市民会館　大会議室

・参加費：無料

※小学生は必ず保護者同伴で受講してください。

以上

主催：仮野市役所交通課
メール　cycle@karinocity.com
（担当：絆田）

自分で撮った写真を入れて、写真のサイズを変更したり、枠を付けたりできます
（100～107ページ）

Section 28 文書にイラストを入れよう

文書の内容に合ったイラストを入れると、印象がやわらかくなります。
ここでは、インターネットで検索したイラストを利用します。

● 操作に迷ったときは…… 左クリック **13** ページ / キー **16** ページ / 入力 **32** ページ

検索画面を表示しよう

1 イラストを
入れたい位置で
左クリックし
カーソル
| を移動します

イラストはあとで移動できるので、
入る位置がずれても大丈夫です

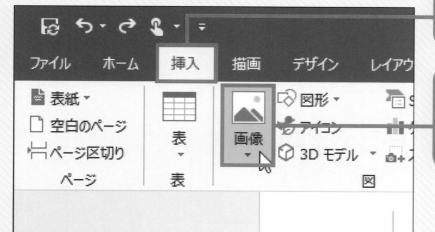

2 挿入 タブを
左クリックします

3 画像
🖼を
左クリックします

4  オンライン画像(O)... を
左クリックします

! <オンライン画像>を
利用するには、インター
ネットに接続する必要
があります

5 <オンライン
画像>画面が
表示されました

6 キーワード（ここ
では「自転車」）を
入力して Enter（エンター）
キーを押します

入れたいイラストや
そのイメージなどを
キーワードにするとよいでしょう

イラストを選択して挿入しよう

1 フィルタ
▽ を
左クリックします

次へ

2 クリップアート を 左クリックします

クリップアートとは挿絵などに使われる図のことです

3 検索された イラストが 表示されます

4 イラストを 左クリックします

💬 Column **イラストや写真を使用する場合**

すべてのイラストや写真には、著作権があります。検索する場合に必ず「Creative Commonsのみ」をオンにし、自由に使用できるものを選びます。これらは、個人で使用するには自由ですが、商用目的で使用する際は注意が必要です。なお、イラストにポインターを合わせ、表示される ⋯ を左クリックすると、提供元情報が表示されます。

5 挿入 (1) を
左クリックします

イラストが文書に
挿入されました

6 ! イラストによって、サイズは異なります（サイズの変更は次ページで紹介します）

イラストを選択すると、
図ツール の 書式 タブが
表示されます

おわり

4章

文書にイラストと写真を入れよう

 挿入したイラストを削除する

イラストを左クリックすると周りに枠が表示され、イラストが選択された状態になります。イラストを選択してDeleteキーを押すと、イラストを削除できます。また、手順 6 でイラストを挿入した直後なら、クイックアクセスツールバーの ↩ を左クリックすれば挿入前の状態に戻ります。

Section 29 イラストの大きさを変えよう

イラストの大きさは、ドラッグして自由に変更することができます。文書の
スペースに合わせて、イラストを小さくしてみましょう。

●操作に迷ったときは…… 左クリック **13** ページ ドラッグ **14** ページ

1 左クリックして
イラストを
選択します

! イラストの周りに囲み
が付いていると、選択
された状態です

2 イラストの隅に
ポインター
$\mathbb{I}$ を移動します

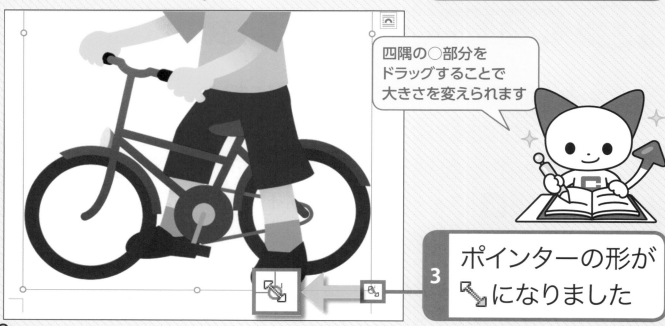

四隅の○部分を
ドラッグすることで
大きさを変えられます

3 ポインターの形が
になりました

4　マウスの
左ボタンを
押して動かすと、
ポインターの形が
十字になります

第5回□自転車講習会のご案内

2021 年 2 月吉日

第5回□自転車講習会のご案内

□日頃より、交通安全にご協力いただきありがとうございます。
□本市では毎年「自転車講習会」を開催しており、今年で5回目となります。
□自転車講習会では、正しい自転車の乗り方、交通ルールなど、安全に自転車を
乗っていただくための講演（やビデオ上映）を年代に合わせて行います。
□ぜひ多くの方のご参加をお待ちしております。
□申込用紙または下記担当へメールにてお申し込みください。

5　そのまま左上に
ドラッグします

反対方向にドラッグすると
大きくすることができます

2021 年 2 月吉日

第5回□自転車講習会のご案内

□日頃より、交通安全にご協力いただきありがとうございます。
□本市では毎年「自転車講習会」を開催しており、今年で5回目となります。
□自転車講習会では、正しい自転車の乗り方、交通ルールなど、安全に自転車を
乗っていただくための講演（やビデオ上映）を年代に合わせて行います。
□ぜひ多くの方のご参加をお待ちしております。
□申込用紙または下記担当へメールにてお申し込みください。

6　大きさが
変わりました

！ 今は文書が2ページに
なっても大丈夫です。
次ページで位置を調整
します

おわり

Section 30 イラストと文字の位置を調整しよう

イラストを文書内に配置しましょう。文字列がイラストに隠れてしまわないように、イラストを文字列の背面に表示させます。

●操作に迷ったときは…… 左クリック **13** ページ ドラッグ **14** ページ

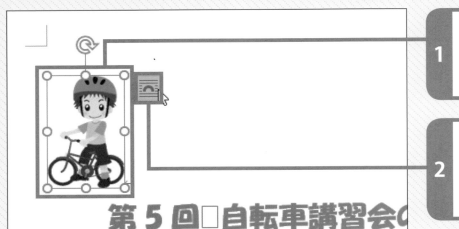

1 イラストを 左クリックします

2 レイアウトオプション ▣ を 左クリックします

第5回□自転車講習会の

3 背面 ▣ を 左クリックします

! ▣（行内）以外を選ぶと、イラストの位置を動かすことができます

4 閉じる ✖ を左クリックして、＜レイアウトオプション＞画面を閉じます

（レイアウト オプション画面）
レイアウト オプション ✖
行内
文字列の折り返し
○ 文字列と一緒に移動する(M)
○ ページ上の位置を固定(N)
詳細表示…

□日頃より、交通安…ありがとうご…
□本市では毎年「自…ており、今年…
□自転車講習会では…方、交通ル…
乗っていただくため…映）を年代に合…
□ぜひ多くの方のご…ります。↵
□申込用紙または…お申し込みく…

5

イラストを
左クリックして、
イラスト内に
ポインター
$\boxed{\text{I}}$ を移動すると
$\overset{\leftrightarrow}{\underset{\downarrow}{\text{k}}}$ の形になります

🖼 (背面) を選ぶとイラストが
文字の下に配置されます

6

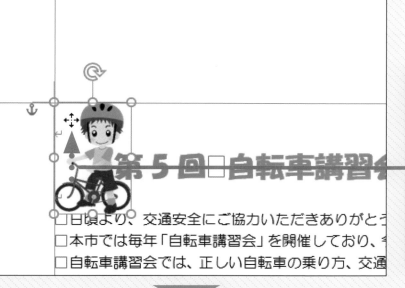

そのまま
ドラッグします

! イラストを移動する際
に、緑の線が表示され
ます。これを「配置グ
リッド」といい、位置の
目安にできます

7

イラストが
移動しました

! 文書のスペースに合わ
せてサイズを調整し
ます

おわり

Section 31 文書に写真を入れよう

文書に写真が入るとより効果的です。ここでは、自分で撮った写真を入れてみましょう。写真データは、パソコンに保存しておきます。

● 操作に迷ったときは…… 左クリック **13** ページ ダブルクリック **14** ページ

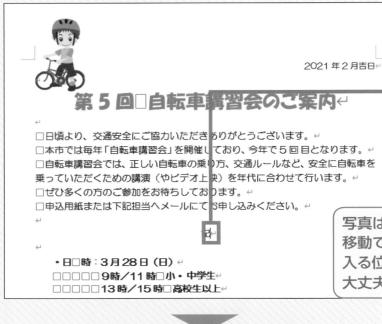

1 写真を入れたい位置で左クリックし カーソル Ｉ を移動します

写真はあとで移動できるので、入る位置がずれても大丈夫です

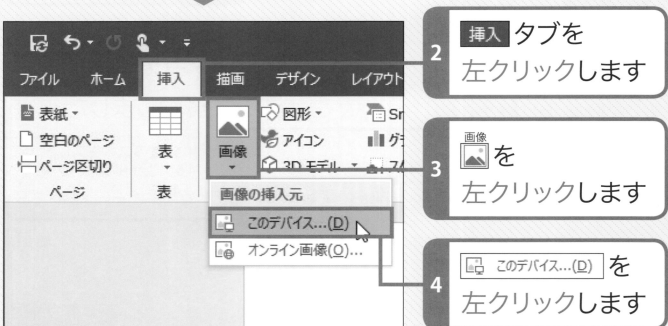

2 挿入 タブを左クリックします

3 画像 🖼 を左クリックします

4 🖥 このデバイス…(D) を左クリックします

5 新しいウィンドウ
が表示されました

6 挿入する写真の
保存先を
ダブルクリック
します

7 写真を
左クリックします

8 挿入(S) を
左クリックします

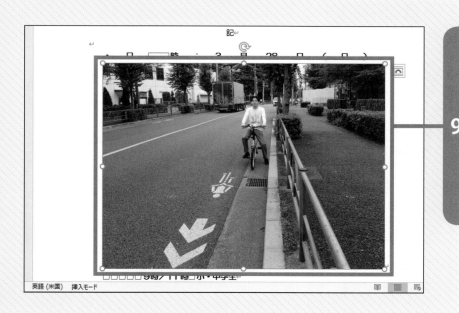

9 写真が
挿入されました

> ! 写真によって、サイズ
> は異なります（サイズの
> 変更は次ページで紹介
> します）

おわり

Section
32 写真の大きさを変えよう

写真の大きさは、ドラッグして自由に変更することができます。文書のスペースに合わせて、写真を小さくしてみましょう。

● 操作に迷ったときは…… 左クリック **13** ページ　ドラッグ **14** ページ

1 写真を左クリックします

! 写真の周りに囲みが付いていると、選択した状態です

2 写真の隅に ポインター Ⅰ を移動します

四隅の○部分をドラッグすることで大きさを変えられます

3 ポインターの形が ⤢ になりました

・　日　□□時　：　3　月　28　日　（　日　）↵

□□□□□9時／11時□小・中学生↵

4
マウスの
左ボタンを
押して動かすと、
ポインターの形が
十字になります

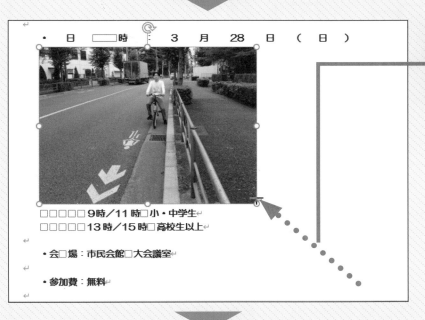

・　日　□□時　：　3　月　28　日　（　日　）↵

□□□□□9時／11時□小・中学生↵
□□□□□13時／15時□高校生以上↵

・会□場：市民会館□大会議室↵

・参加費：無料↵

5
そのまま
ドラッグします

ちょうどよい大きさになるように
何度も調整してみましょう

記↵

・日□時：3月28日（日）↵

□□□□□9時／11時□小・中学生↵
□□□□□13時／15時□高校生以上↵

・会□場：市民会館□大会議室↵

・参加費：無料↵

※小学生は必ず保護者同伴で受講してください。↵

以上↵

6
写真の大きさが
変わりました

! 今は文書が2ページに
なっても大丈夫です。
次ページで位置を調整
します

おわり

Section 33 写真と文字の位置を調整しよう

写真を文書内に配置しましょう。ここでは、写真を自由に移動できるように、文字列の折り返しを設定します。

● 操作に迷ったときは…… 左クリック **13** ページ ドラッグ **14** ページ

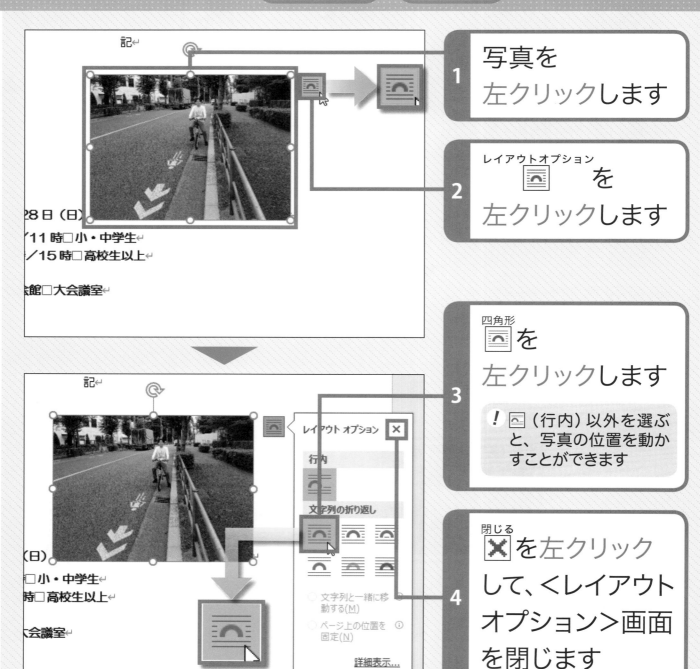

1 写真を左クリックします

2 レイアウトオプション □ を左クリックします

3 四角形 □ を左クリックします

! □（行内）以外を選ぶと、写真の位置を動かすことができます

4 閉じる ☒ を左クリックして、＜レイアウトオプション＞画面を閉じます

104

5 写真内に $\boxed{\text{I}}$ (ポインター)を
移動すると
$\oplus$ の形になります

$\boxed{\text{画}}$ を選ぶと写真の周りで
文字が折り返されます

6 そのまま
ドラッグします

7 写真が
移動しました

> **!** 文書に合わせてサイズ
> も調整します

おわり

Column **文字列の折り返し**

写真やイラストを選択する
と表示される $\boxed{\text{書式}}$ タブに、
$\boxed{\text{画 文字列の折り返し ▾}}$ があります。こ
こから文字列の折り返しの種
類を選択することもできます。

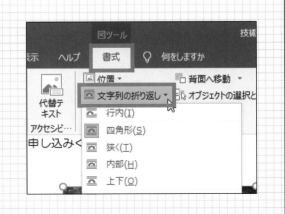

Section 34 写真に飾りを付けよう

ワードには、写真に飾りを付けたり、角度を変えたりする効果（スタイル）が
たくさん用意されています。ここでは、写真に枠を付けてみましょう。

●操作に迷ったときは…… 左クリック **13** ページ

1 写真を
左クリックします

2 これを
左クリックします

! ほかのタブが表示されている場合は、**書式** タブを左クリックします

解説 **＜図のスタイル＞が一覧で表示されない**

ウィンドウのサイズによっては、右図のようにボタンで表示される場合があります。左クリックすれば手順**3**の一覧が表示されます。

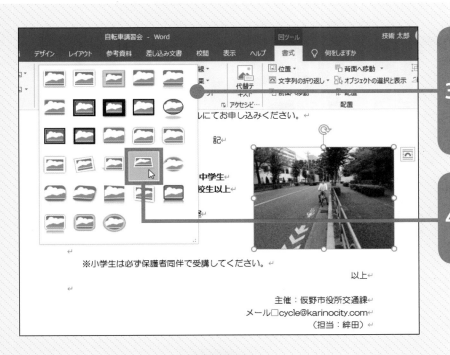

3 スタイルの一覧が表示されました

4 このスタイルを左クリックします

記←

3月28日（日）←
□9時／11時□小・中学生←
□13時／15時□高校生以上←

市民会館□大会議室←

無料←

は必ず保護者同伴で受講してください。←

以上←

主催：仮野市役所交通課←
メール□cycle@karinocity.com←
（担当：絆田）←

5 写真に枠が付きました

6 写真以外の場所を左クリックします

おわり

 解説 　変更したイラストや写真をもとに戻す

文書に挿入したイラストや写真のサイズやスタイルを変更したあとで、もとに戻したくなった場合は、書式 タブの＜図のリセット＞ を左クリックします。

第5章

文書に図形を入れて完成させよう

ワードではさまざまな図形を描くことができます。図形の種類を選んでドラッグするとかんたんに作成できます。ここでは、吹き出しを描いて文字を入力し、変形や色を付けてみます。文書が完成したら、印刷をしましょう。

この章でできるようになること

吹き出しを入れることができます！ ▶110〜117ページ

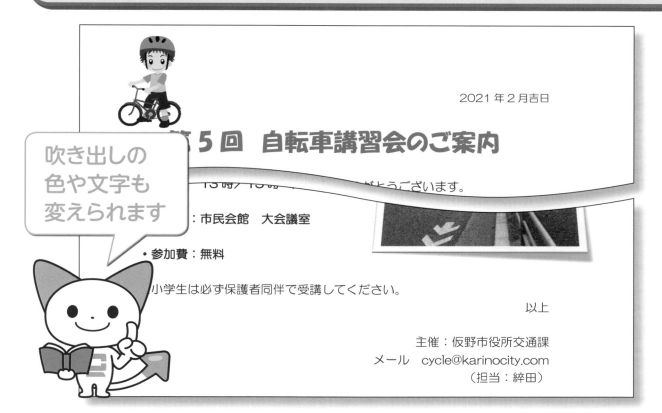

吹き出しの
色や文字も
変えられます

プリンターを設定して印刷します！ ▶118ページ

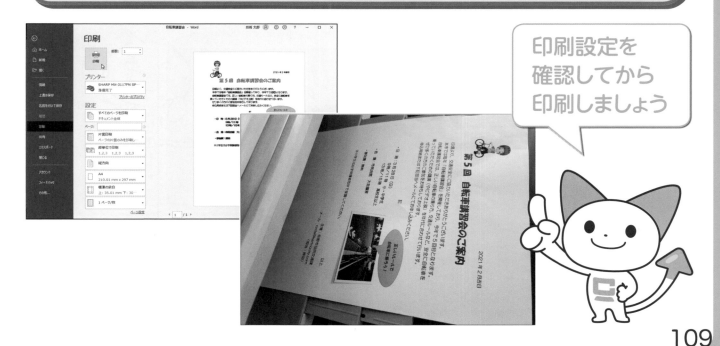

印刷設定を
確認してから
印刷しましょう

Section 35 図形を描こう

ワードの図形には、「吹き出し」が用意されています。フォントやスタイルを設定したり、作成してからほかの吹き出しに替えることもできます。

● 操作に迷ったときは…… 左クリック **13** ページ ドラッグ **14** ページ

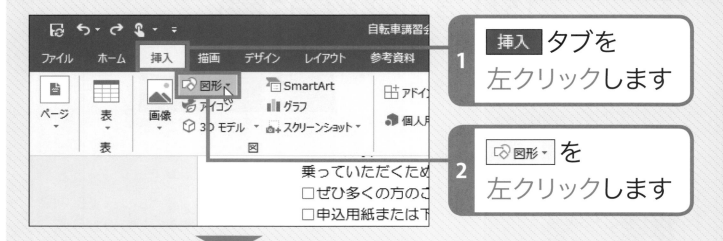

1 **挿入** タブを
左クリックします

2 **図形▾** を
左クリックします

ほかの図形も
ここから選択できます

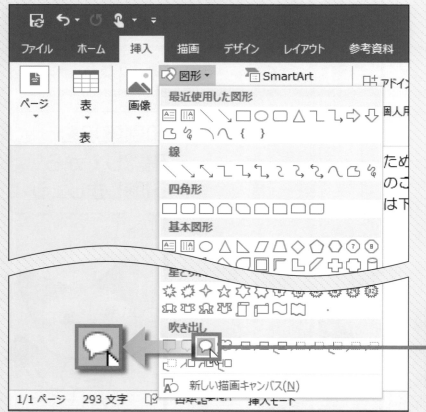

3 吹き出しを
左クリックします

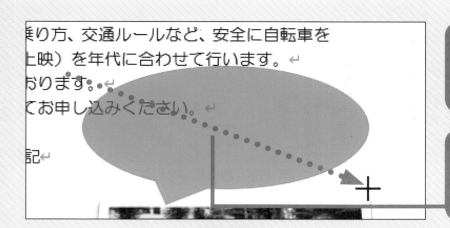

4 ポインターの形が
十字になります

5 そのまま
ドラッグします

6 吹き出しが
描かれました

! 吹き出しの大きさは、
114ページで調整し
ます

おわり

Column 図形の種類を変更する

図形をほかの種類に変更したい場合は、図形を選択した状態で 書式 タブの を左クリックして、 図形の変更(N) から変更したい図形を左クリックします。

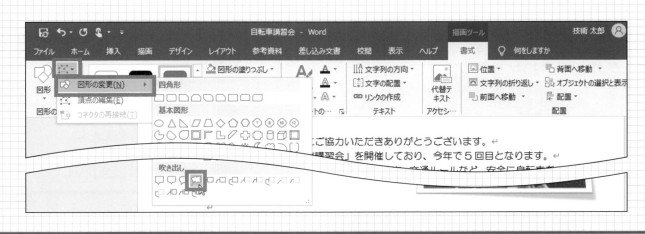

Section 36 図形の中に文字を入力しよう

吹き出しを描くと、自動的にテキストが追加できるようになります。文字を入力して、フォントや色を変えてみましょう。

●操作に迷ったときは…… 左クリック **13** ページ ドラッグ **14** ページ 入力 **32** ページ

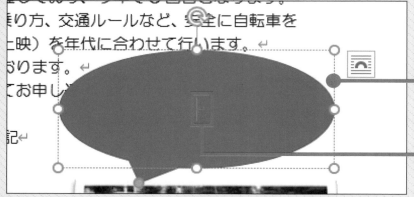

1 吹き出しの中を 左クリックします

2 カーソルが 点滅します

! 吹き出し以外の図形は、図形を右クリックして＜テキストの追加＞を左クリックします

3 文字を 入力します

! 吹き出しの大きさによって文字の折り返し位置は変わります

4 ドラッグして 文字を選択します

112

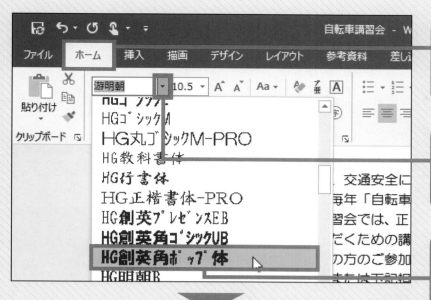

5 | ホーム タブを
左クリックします

6 | ここを
左クリックします

7 | フォントを
左クリックします

8 | フォントが
変更されました

> ❗ 文字列を選択したまま
> にします

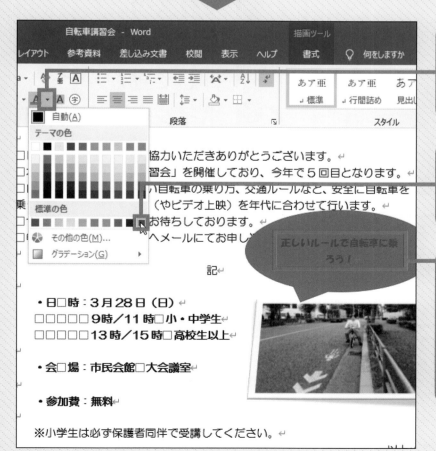

9 | フォントの色
A ▾ の ▾ を
左クリックします

10 | 色を
左クリックします

11 | フォントの色が
変わりました

> ❗ 同様に、フォントサイズ
> や書式も変更できます

おわり

Section 37 図形の位置を調整しよう

ここでは、図形の大きさを変更したり、吹き出し口の位置を移動したりします。
バランスよく図形を配置するために、全体を調整しましょう。

● 操作に迷ったときは…… 　左クリック **13** ページ　　ドラッグ **14** ページ

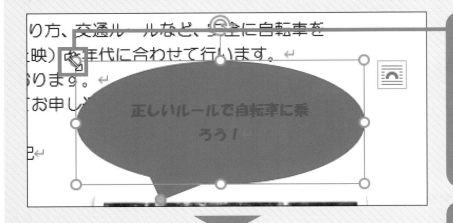

1 吹き出しを
選択して隅に
ポインター
Ⅰ を移動すると
⤢ の形になります

2 マウスの
左ボタンを
押して動かすと、
ポインターの形が
十字になるので
そのまま
ドラッグします

! マウスの左ボタンを押
している間だけ十字の
形になります

3 吹き出しの大きさ
が変わりました

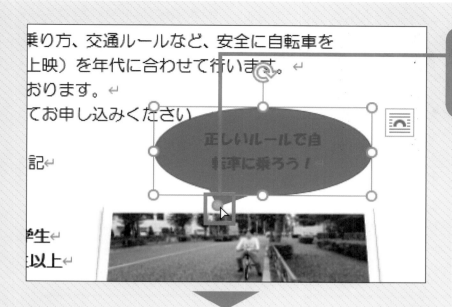

乗り方、交通ルールなど、安全に自転車を
上映）を年代に合わせて行います。←
おります。←
てお申し込みください
記←
学生←
以上←

正しいルールで自
転車に乗ろう！

4 吹き出し口を
左クリックします

乗り方、交通ルールなど、安全に自転車を
上映）を年代に合わせて行います。←
おります。←
てお申し込みください。←
記←
学生←
以上←

正しいルールで自
転車に乗ろう！←

5 ドラッグして
位置を移動します

「自」で折り返されるので、
改行して読みやすくしましょう

乗り方、交通ルールなど、安全に自転車を
上映）を年代に合わせて行います。←
おります。←
てお申し込みください。←
記←
学生←
以上←

正しいルールで
自転車に乗ろう！

6 大きさや
吹き出し口、
位置などを
調整します

移動の方法は、99 ページを
参考にしてください

おわり

Section 38 図形の色を変えよう

吹き出しの色や効果は変更することができます。ここでは、ワードに用意されているスタイルを利用してみましょう。

●操作に迷ったときは…… 左クリック 13 ページ

色を変更しよう

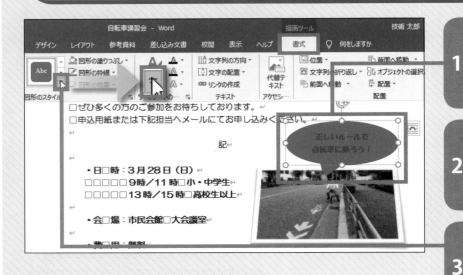

1 吹き出しを選択します

2 書式 タブを左クリックします

3 ここを左クリックします

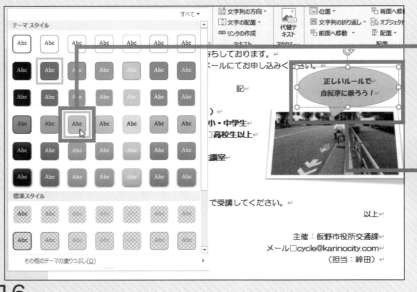

4 スタイルを左クリックします

5 指定した色になりました

おわり

色や図形の枠線、影などの効果は、個別に設定することができます。吹き出しを選択して、 描画ツール の 書式 タブで行います。

■色を変更する

図形の塗りつぶし の右側を左クリックして、設定したい色を左クリックします。

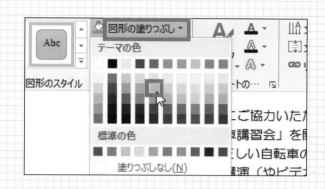

■枠線を消す

図形の枠線 の右側を左クリックして、 枠線なし(N) を左クリックします。

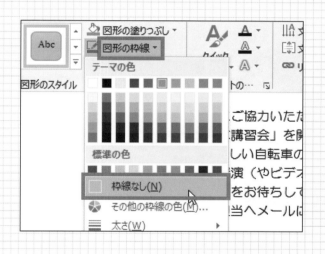

■影を付ける

図形の効果 を左クリックして、 影(S) を左クリックし、設定したい影を左クリックします。

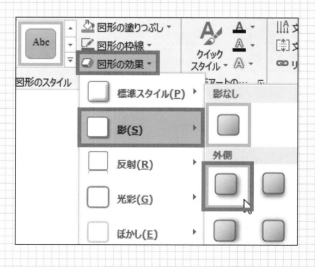

Section 39 ワードの文書を印刷しよう

パソコンとプリンターを接続して、印刷する準備をします。印刷する前に印刷プレビューでイメージを確認してから、印刷を実行しましょう。

● 操作に迷ったときは…… 左クリック 13ページ

プリンターを指定しよう

1 ファイル タブを左クリックします

2 印刷 を左クリックします

3 プリンターを左クリックします

　! 接続しているプリンターによって名称は異なります

4 利用するプリンターを左クリックします

5 プリンターが指定されました

印刷プレビューを確認しよう

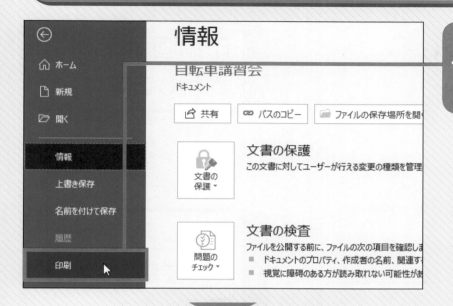

1 印刷 を
左クリックします

2 印刷プレビューが
表示されました

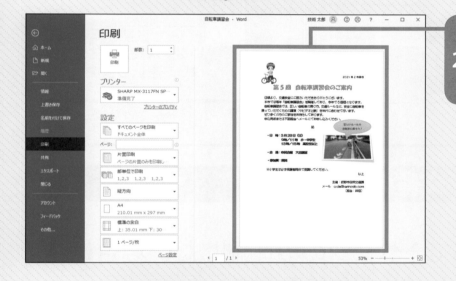

次へ

💬 Column ▶ 印刷プレビューの見方

印刷プレビューは、画面右下にあるズームスライダーや ＋、ー を利用して、表示倍率を変えて見ることができます。🔲 を左クリックすると、1ページ全体を表示させることができます。

印刷しよう

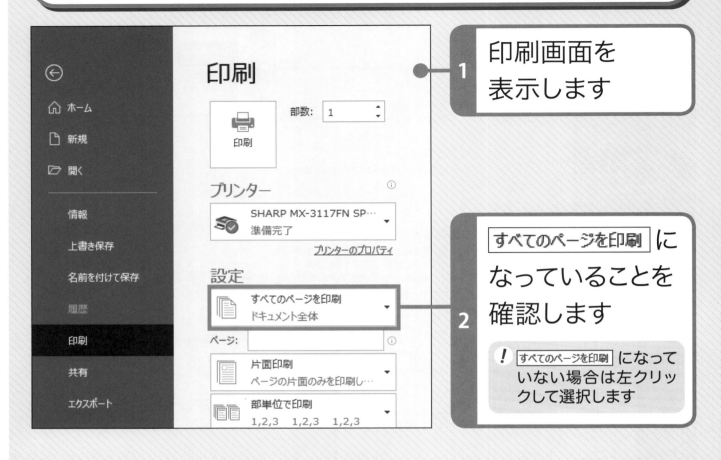

1 印刷画面を
表示します

2 すべてのページを印刷 に
なっていることを
確認します

! すべてのページを印刷 になって
いない場合は左クリッ
クして選択します

Column 複数ページ文書の印刷

複数ページの文書で1ページのみ印刷したい場合は、
印刷するページにカーソルを移動して、すべてのページを印刷
を左クリックし、現在のページを印刷 を左クリックします。特
定のページを印刷したい
場合は、すべてのページを印刷 を
左クリックし、ユーザー指定の範囲
を左クリックして、ページ
の範囲を指定します。

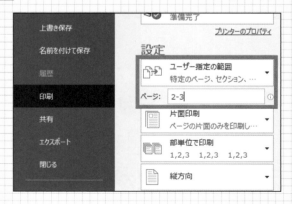

3 印刷する部数は
ここで設定します

4 設定内容を
確認します

設定した内容をもう一度
確認しましょう

5 印刷 🖶 を
左クリックします

文書に図形を入れて完成させよう

6 印刷されました

できあがり!

おわり

第6章

かんたんな表を作成しよう

この章では、エクセルを使って表を作成するまでの操作を紹介します。セルや行／列を選択する方法、文字の入力や修正方法、データのコピーや移動方法、行や列の挿入や削除方法など、表を作るうえで基本となる操作を覚えましょう。ここでは、住所録を作成します。

この章でできるようになること

セルを自由に操作できます！　▶124〜129ページ

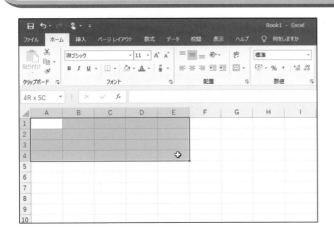

セルとアクティブ
セルについて
理解しましょう。
セルや行、列を
選択する方法も
解説します

文字の入力や修正ができます！　▶130〜139、150ページ

セルに
日本語や数字を
入力したり、
入力した文字を
修正したり
できます

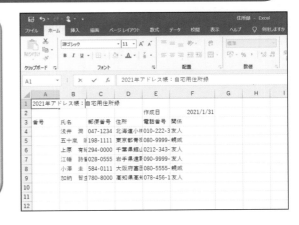

行や列の挿入／削除ができます！　▶140〜149ページ

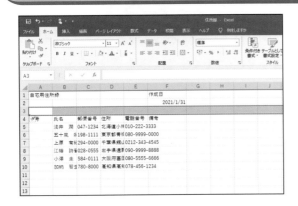

表の行や列を挿入したり、削除
したりできます。また、データを
コピーしたり、
移動したりする
ことができます

Section 40 セルを正しく理解しよう

「セル」とは、ワークシート上の1つ1つのマス目のことです。セルに文字や数字などのデータを入力します。

●操作に迷ったときは…… 左クリック **13** ページ キー **16** ページ

セルについて知ろう

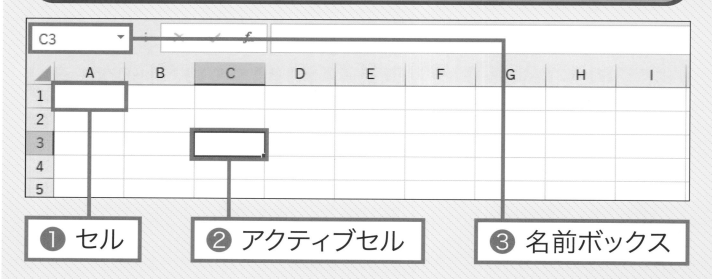

① セル ② アクティブセル ③ 名前ボックス

① セル
ワークシート上の1つ1つのマス目のことを「セル」といいます。

② アクティブセル
現在選択されているセルを「アクティブセル」といいます。データの入力や編集は、アクティブセルに対して行わ

れます。アクティブセルはグリーンの太線で囲まれます。

③ 名前ボックス
名前ボックスには、アクティブセルのセル番号（列番号と行番号で示されるセルの位置）が表示されます。C4は、C列の4行目を指します。

124

セルを選択しよう

	A	B	C	D
1				
2				
3			✛	
4				

^{ポインター}
✛ を移動して左クリックすると、セルを選択できます

アクティブセルを移動させよう

左のセルに移動するには、←キーを押します

右のセルに移動するには、^{タブ}Tabキーか→キーを押します

上のセルに移動するには、↑キーを押します

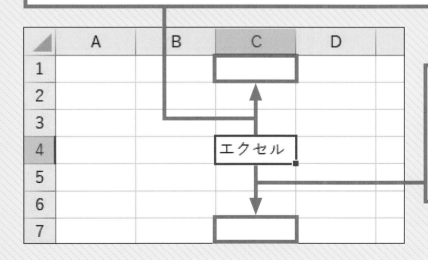

下のセルに移動するには、^{エンター}Enterキーか↓キーを押します

おわり

125

Section 41 セル／行／列を選択しよう

セルに文字や数値を入力したり、編集したりするには、セルを選択する必要があります。セルや行、列の選択方法を覚えましょう。

●操作に迷ったときは……　左クリック **13** ページ　ドラッグ **14** ページ　キー **16** ページ

複数のセルを選択しよう

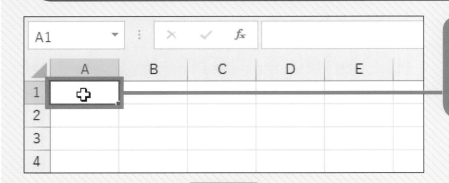

1 左上のセルに
ポインター
⊹ を移動します

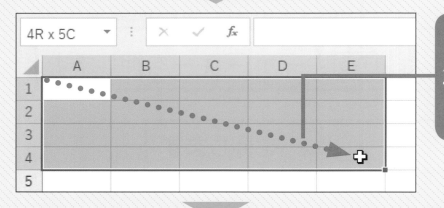

2 選択したい
範囲の右下まで
ドラッグします

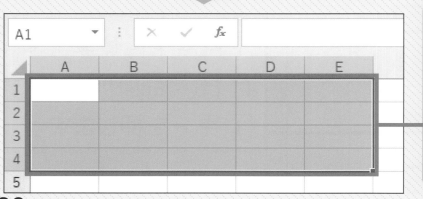

3 ドラッグした
範囲内のセルが
選択されました

! 選択されたセルは、グレーで表示されます

126

離れた位置にあるセルを同時に選択しよう

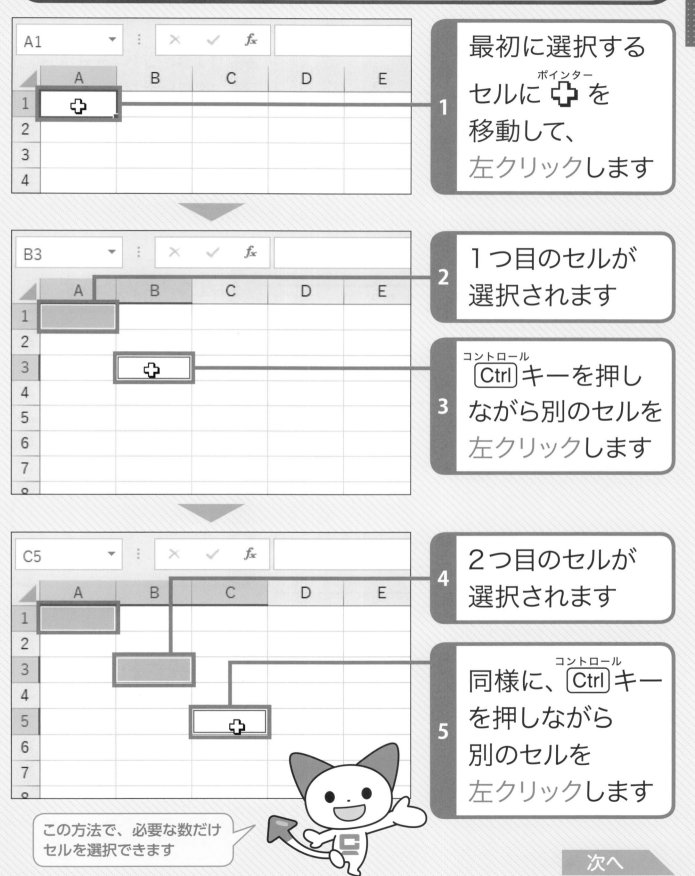

1 最初に選択する
セルに ✛ (ポインター)を
移動して、
左クリックします

2 1つ目のセルが
選択されます

3 (コントロール)Ctrlキーを押し
ながら別のセルを
左クリックします

4 2つ目のセルが
選択されます

5 同様に、(コントロール)Ctrlキー
を押しながら
別のセルを
左クリックします

この方法で、必要な数だけ
セルを選択できます

次へ

行を選択しよう

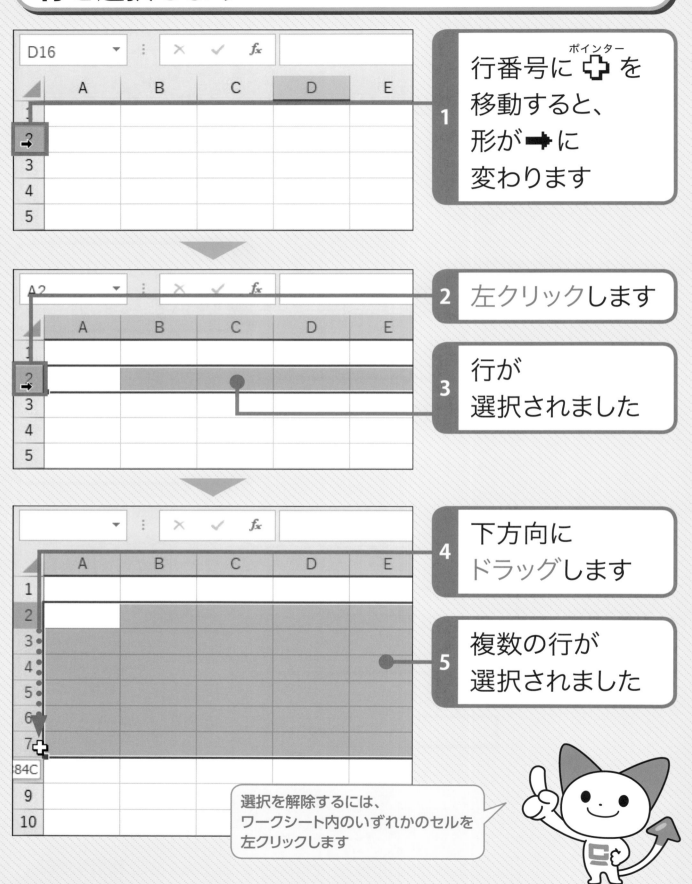

1 行番号に ✚ を移動すると、形が ➡ に変わります

2 左クリックします

3 行が選択されました

4 下方向にドラッグします

5 複数の行が選択されました

選択を解除するには、ワークシート内のいずれかのセルを左クリックします

列を選択しよう

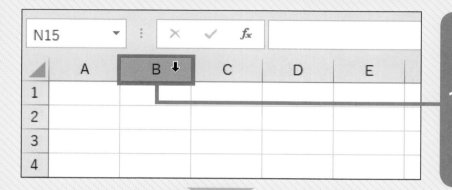

1 列番号に ✛ を移動すると、形が ⬇ に変わります

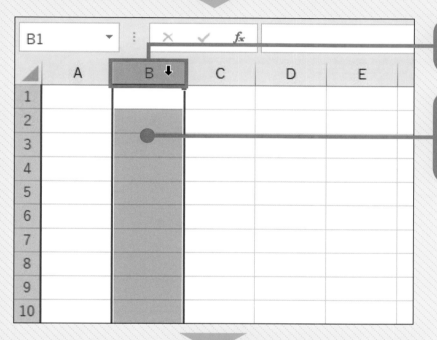

2 左クリックします

3 列が選択されました

4 右方向にドラッグします

5 複数の列が選択されました

おわり

Section 42 表のタイトルを入力しよう

セルに日本語を入力するには、キーボードの [半角/全角] キーを押して、入力モード
をひらがな入力モードに切り替えます。

● 操作に迷ったときは…… [左クリック **13** ページ] [キー **16** ページ] [入力 **32** ページ]

「自宅用住所録」と入力しよう

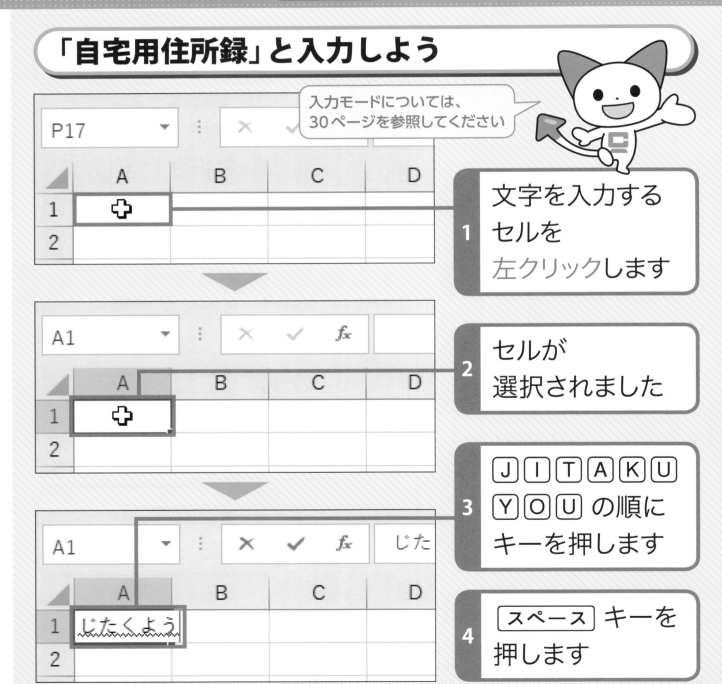

入力モードについては、
30ページを参照してください

1 文字を入力する
セルを
左クリックします

2 セルが
選択されました

3 [J][I][T][A][K][U][Y][O][U] の順に
キーを押します

4 [スペース] キーを
押します

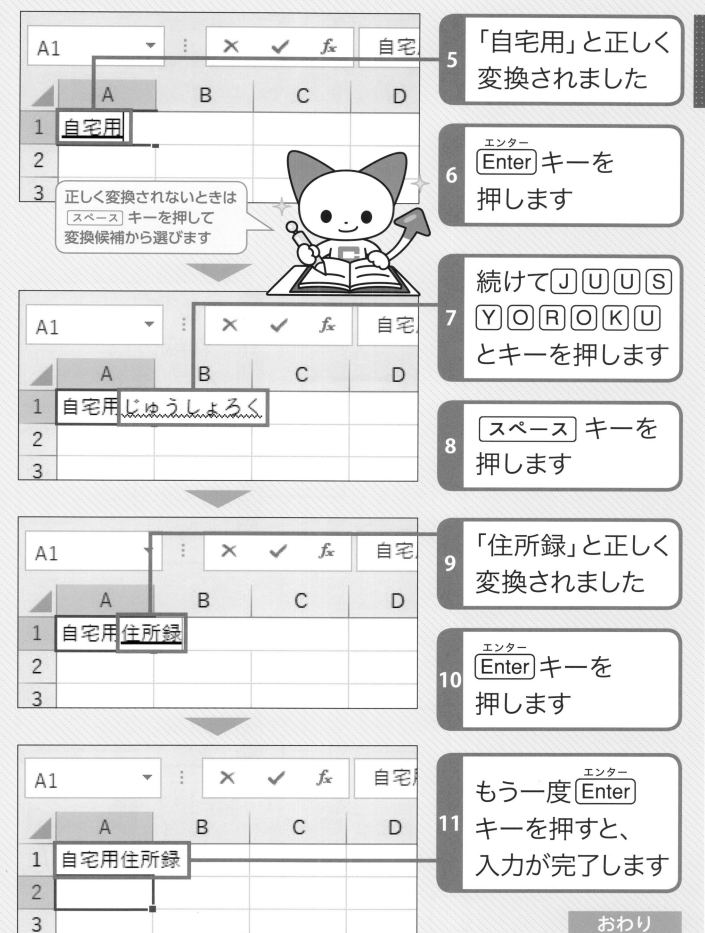

5 「自宅用」と正しく変換されました

6 Enter（エンター）キーを押します

正しく変換されないときはスペースキーを押して変換候補から選びます

7 続けてJUUSYOROKUとキーを押します

8 スペースキーを押します

9 「住所録」と正しく変換されました

10 Enter（エンター）キーを押します

11 もう一度Enter（エンター）キーを押すと、入力が完了します

おわり

Section 43 日付を入力しよう

エクセルで日付を入力する場合、「年、月、日」にあたる数字をスラッシュ（/）やハイフン（-）で区切って入力すると、自動的に日付表示になります。

●操作に迷ったときは…… 左クリック **13** ページ キー **16** ページ 入力 **32** ページ

1 セル「F1」に「作成日」と入力します

2 セル「F2」に ポインター **⊹** を移動して、左クリックします

3 半角/全角 キーを押して入力モードを **A** に切り替えます

A になっていることを確認しましょう

4 「2021/1/31」と、スラッシュ（/）で区切って入力します

5 エンター Enter キーを押します

6 日付が表示されました

! セルの横幅は自動的に調整されます

おわり

Column ◯年◯月◯日と表示するには

「2021年1月31日」のような形式で表示したいときは、日付を入力したセルを左クリックして、ホームタブの 日付 の ▼ を左クリックし、 長い日付形式 2021年1月31日 を左クリックします。

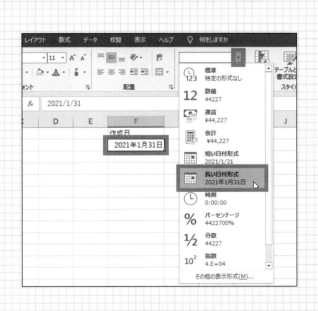

133

Section 44 住所録のデータを入力しよう

表のタイトルを入力したら、住所録のデータを入力しましょう。ここでは、表の見出し文字と個別の氏名や住所などを入力します。

● 操作に迷ったときは…… 左クリック **13** ページ キー **16** ページ 入力 **32** ページ

見出しの文字を入力しよう

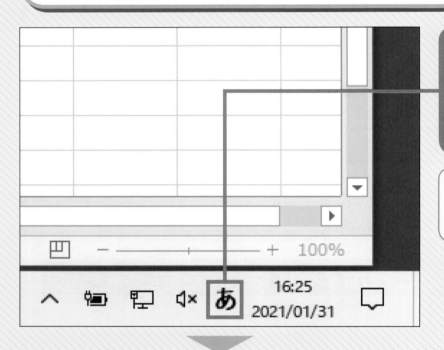

1 入力モードが あ になっていることを確認します

A が表示されているときは、キーボードの 半角/全角 キーを押して切り替えます

2 文字を入力するセルを左クリックして、「番号」と入力します

! 一度で変換できない場合は、137ページを参照してください

134

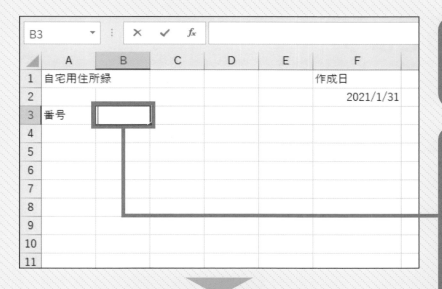

3 →キーを押します

4 アクティブセルが右に移動します

! Tabキーを押してもアクティブセルが右に移動します

5 →キーを押して移動しながら、「氏名」「郵便番号」と入力します

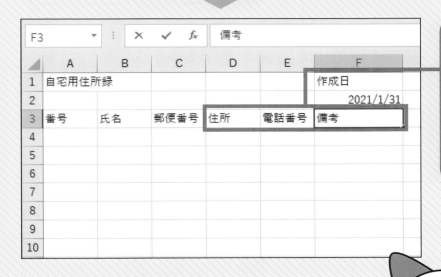

6 「住所」「電話番号」「備考」と入力します

項目はあとからでも追加できます

次へ

氏名と住所を入力しよう

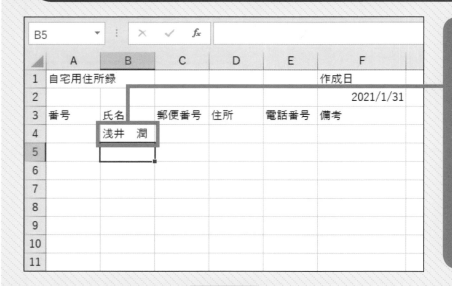

1 氏名のセルを
左クリックして、
1人目の名前を
入力します

> ！ 姓と名前の間に スペース キーを押して1文字あけます

2 Enter キーを
押します

3 ほかの氏名を
入力します

4 同様にして
住所を入力
します

> ！ 文字がはみ出してもあとで幅を調整します（158ページ参照）

おわり

解説 目的の漢字に変換できないとき

1回で目的の漢字に変換できないときは、変換候補を表示して選択します。

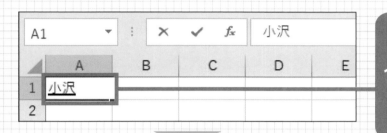

1 文字を入力して、[スペース]キーを押します

2 「小澤」を入力したいので、もう一度[スペース]キーを押します

3 変換候補が表示されました

4 目的の漢字まで[スペース]キーを押して移動します

5 [Enter]（エンター）キーを押して完了します

Section 45 郵便番号や電話番号を入力しよう

郵便番号は、半角の数字で入力しましょう。半角数字を入力するには、入力モードを「半角英数字」に切り替えます。

●操作に迷ったときは…… 左クリック **13** ページ ／ キー **16** ページ ／ 入力 **32** ページ

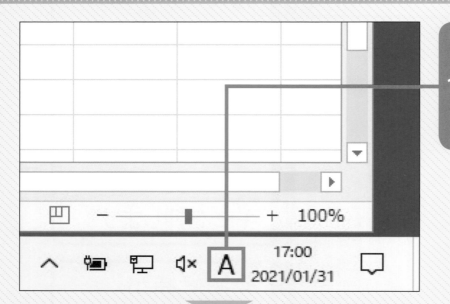

1 半角/全角 キーを押して入力モードを A に切り替えます

2 郵便番号を入力するセルに ポインター ⊹ を移動して左クリックします

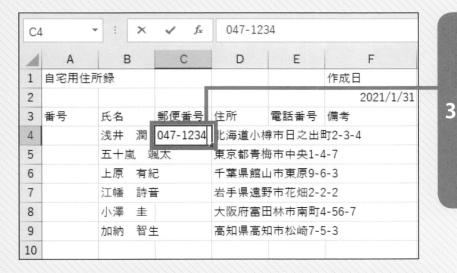

3 0 4 7 - 1 2 3 4 の順に
キーを押します

! 「-」を入力するには [ーほ]
キーを押します

4 Enter キーを
押して入力を
完了します

! | が点滅している状態
は入力が完了していま
せん

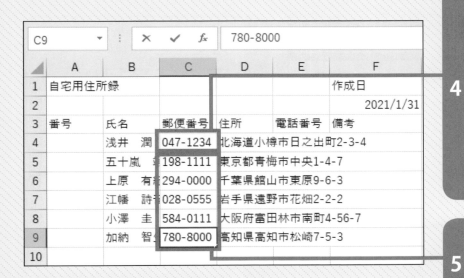

5 ほかの郵便番号
を入力します

6 電話番号の
セルに移動して
電話番号を
入力します

おわり

Section 46 行や列を挿入しよう

表を作成したあとで、行や列を追加したい場合があります。新しい行や列は、任意の位置にかんたんに挿入できます。

● 操作に迷ったときは…… 左クリック **13** ページ　入力 **32** ページ

行を挿入しよう

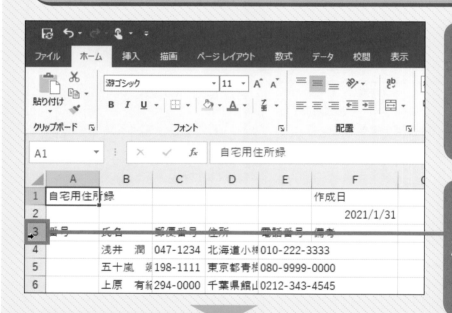

1 挿入する位置の下の行番号にポインター ✛ を移動します

2 形がポインター ➡ に変わったら、左クリックします

3 行が選択されました

行を挿入するときは、挿入する位置の下側の行を選択します

140

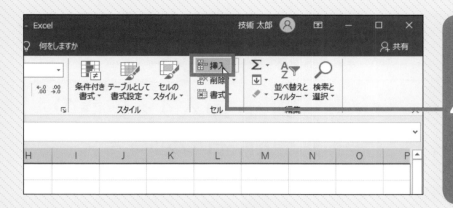

4 **ホーム** タブの 挿入 **を左クリックします**

! ほかのタブが表示されている場合は、**ホーム** タブを左クリックします

5 **選択した行の上に新しい行が挿入されました**

! いずれかのセルを左クリックすると、選択を解除できます

次へ

Column **挿入した行に表示されるアイコンは何?**

行を挿入すると、 が自動的に表示されます。これを左クリックすると、挿入した行の見栄え（書式）を上や下の行と同じにしたり、書式を解除したりすることができます。行に書式を設定していない場合は、無視してもかまいません。

列を挿入しよう

1 挿入する位置の右の列番号に
<ruby>ポインター</ruby>
⊕ を移動します

2 形が ⬇ に変わったら、左クリックします

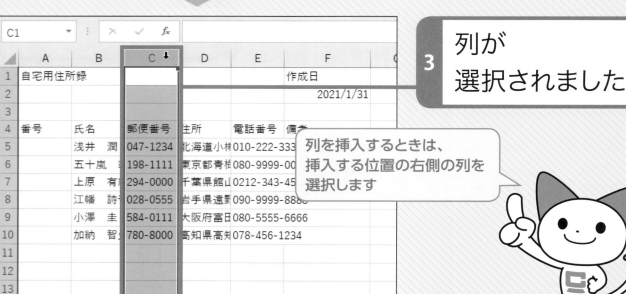

3 列が選択されました

列を挿入するときは、挿入する位置の右側の列を選択します

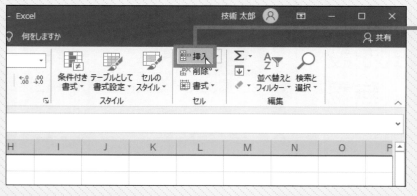

4 ［ホーム］タブの<ruby>挿入</ruby>を左クリックします

❗ ほかのタブが表示されている場合は、［ホーム］タブを左クリックします

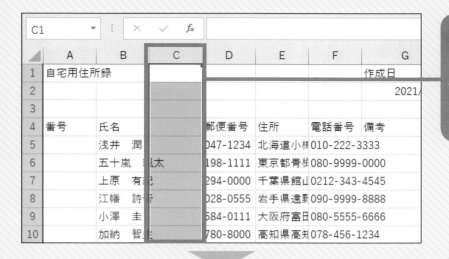

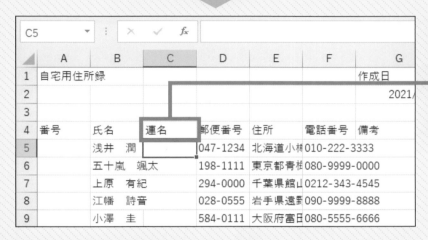

5 選択した列の左に新しい列が挿入されました

6 挿入した列に見出しを入力します

おわり

Column 挿入される列幅の違い

挿入した列には、左側の列に設定されている書式や幅が反映されます。そのため、幅が広すぎたり、狭すぎたりする場合があります。列の挿入後に表示される 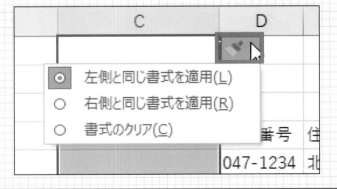 を左クリックして、右の列と同じにしたり、書式を解除したりすることができます。

列幅の調整については158ページを参照してください。

行や列を削除しよう

必要のない行や列は削除しておきましょう。削除したい行や列を選択して、
ホーム タブの 📋 を左クリックします。

●操作に迷ったときは…… 左クリック **13** ページ ドラッグ **14** ページ

行を削除しよう

削除したい行を
選択します

1

❗ 行の選択方法は128
ページを参照してくだ
さい

複数の行や列を選択するには
ポインターをドラッグします

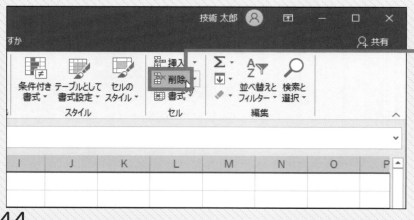

ホーム タブの 削除 📋 を
左クリックします

2

❗ ほかのタブが表示され
ている場合は、ホーム タ
ブを左クリックします

3 選択していた行が削除されました

間違えて削除してしまった場合は、画面左上の ↺ を左クリックすると、もとに戻すことができます

列を削除しよう

1 削除したい列を選択します

！ 列の選択方法は129ページを参照してください

2 ホーム タブの 削除 を左クリックします

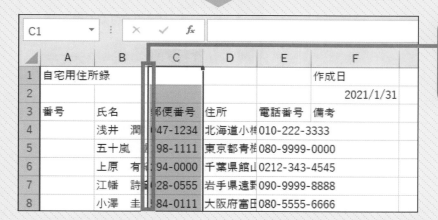

3 選択していた列が削除されました

おわり

Section 48 データをコピーしよう

同じデータを繰り返し入力する場合は、コピーしたほうが効率的です。データをコピーするには、コピーと貼り付けの機能を利用します。

● 操作に迷ったときは……　左クリック **13** ページ　キー **16** ページ　入力 **32** ページ

E	F	G
	作成日	
	2021/1/31	
電話番号	備考	
010-222-3	友人	
080-9999-0000		
0212-343-4545		
090-9999-8888		

1 「備考」列のセル「F4」に「友人」と入力して、このセルを左クリックします

ここでは、「友人」と「親戚」の文字をほかのセルにコピーします

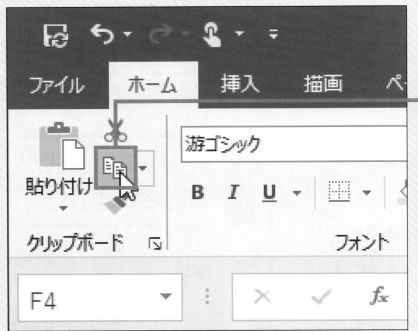

2 ホーム タブの コピー を左クリックします

! ほかのタブが表示されている場合は、ホーム タブを左クリックします

146

1	自宅用住所録					作成日	
2							2021/1/31
3	番号	氏名	郵便番号	住所	電話番号	備考	
4		浅井　潤	047-1234	北海道小樽	010-222-3	友人	
5		五十嵐　頴	198-1111	東京都青椎	080-9999-0000		
6		上原　有紀	294-0000	千葉県館山	0212-343-	4545	
7		江幡　詩音	028-0555	岩手県遠野	090-9999-8888		
8		小澤　圭	584-0111	大阪府富田	080-5555-6666		

3 貼り付け先を
左クリックします

❗ コピーもとのセル「F4」
は破線で囲まれます

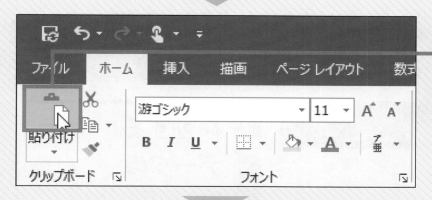

ファイル　ホーム　挿入　描画　ページレイアウト　数式

游ゴシック　11　A˄ A˅

B I U ▾　🖍 ▾ 🅰 ▾ ▾

貼り付け

クリップボード　　　フォント

4 ホーム タブの 📋 を
左クリックします

1	自宅用住所録					作成日	
2							2021/1/31
3	番号	氏名	郵便番号	住所	電話番号	備考	
4		浅井　潤	047-1234	北海道小樽	010-222-3	友人	
5		五十嵐　頴	198-1111	東京都青椎	080-9999-0000		
6		上原　有紀	294-0000	千葉県館山	0212-343-	友人	
7		江幡　詩音	028-0555	岩手県遠野	090-9999-8888		
8		小澤　圭	584-0111	大阪府富田	080-5555-6666		
9		加納　智生	780-8000	高知県高知	078-456-1234		

5 データが
コピーされました

❗ コピーもとが破線で囲
まれている間、何度で
も貼り付けができます

3	番号	氏名	郵便番号	住所	電話番号	備考	
4		浅井　潤	047-1234	北海道小樽	010-222-3	友人	
5		五十嵐　頴	198-1111	東京都青椎	080-9999-0000		
6		上原　有紀	294-0000	千葉県館山	0212-343-	友人	
7		江幡　詩音	028-0555	岩手県遠野	090-9999	友人	
8		小澤　圭	584-0111	大阪府富田	080-5555-6666		
9		加納　智生	780-8000	高知県高知	078-456-	友人	
10							

6 ほかのセルにも
コピーします

❗ Esc キーを押すと、コ
ピーが終了します

3	番号	氏名	郵便番号	住所	電話番号	備考	
4		浅井　潤	047-1234	北海道小樽	010-222-3	友人	
5		五十嵐　頴	198-1111	東京都青椎	080-9999	親戚	
6		上原　有紀	294-0000	千葉県館山	0212-343-	友人	
7		江幡　詩音	028-0555	岩手県遠野	090-9999-	友人	
8		小澤　圭	584-0111	大阪府富田	080-5555	親戚	
9		加納　智生	780-8000	高知県高知	078-456-1	友人	
10							

7 「親戚」を
入力して
コピーします

おわり

Section 49 データを移動しよう

セルに入力したデータを別のセルに移動したい場合は、データをいったん
セルから切り取って、別のセルに貼り付けます。

● 操作に迷ったときは…… 左クリック 13ページ

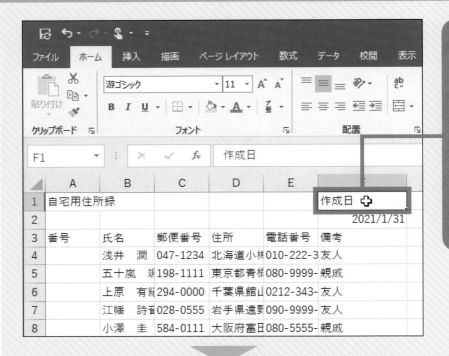

1 移動する
データの
セル「F1」を
左クリックします

! ここでは「作成日」を移
動します

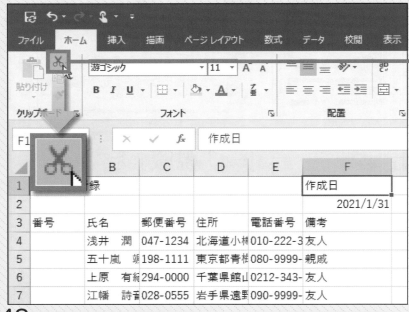

2 ホーム タブの ✂ (切り取り) を
左クリックします

! ほかのタブが表示され
ている場合は、ホーム を
左クリックします

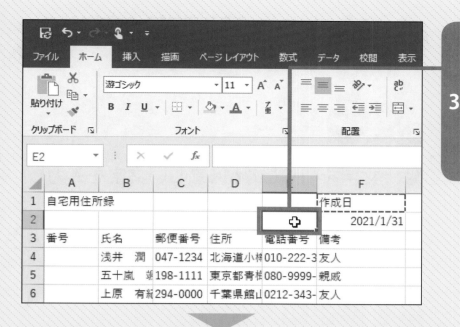

3 移動先のセルを
左クリックします

⚠ 移動するもとのセルは
破線で囲まれます

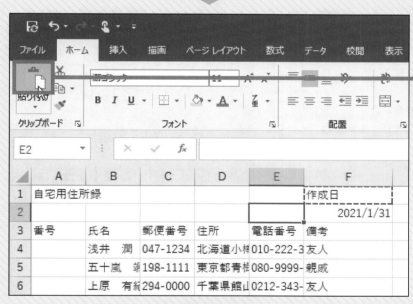

4 ホーム タブの 貼り付け を
左クリックします

移動の場合、もとのデータは
削除されます

5 データが
移動しました

おわり

Section 50 入力したデータを修正しよう

セルのデータを修正する場合は、文字を削除してから新しい文字を入力します。文字を追加する場合は、カーソルを移動してから入力します。

●操作に迷ったときは……　左クリック **13** ページ　ダブルクリック **14** ページ　キー **16** ページ　入力 **32** ページ

セル内のデータ全体を書き換えよう

F3		× ✓ fx	備考		
	A	B	C	D	E	F
1	自宅用住所録					
2					作成日	2021/1/31
3	番号	氏名	郵便番号	住所	電話番号	備考
4		浅井　潤	047-1234	北海道小樽	010-222-3	友人
5		五十嵐　頭	198-1111	東京都青梅	080-9999-	親戚
6		上原　有紀	294-0000	千葉県館山	0212-343-	友人
7		江幡　詩音	028-0555	岩手県遠野	090-9999-	友人
8		小澤　圭	584-0111	大阪府富田	080-5555-	親戚
9		加納　智生	780-8000	高知県高知	078-456-1	友人
10						

1 データを修正したいセルに ポインター ✛ を移動して、左クリックします

2 キーボードの デリート Delete キーを押します

F3		× ✓ fx			
	A	B	C	D	E	F
1	自宅用住所録					
2					作成日	2021/1/31
3	番号	氏名	郵便番号	住所	電話番号	
4		浅井　潤	047-1234	北海道小樽	010-222-3	友人
5		五十嵐　頭	198-1111	東京都青梅	080-9999-	親戚
6		上原　有紀	294-0000	千葉県館山	0212-343-	友人
7		江幡　詩音	028-0555	岩手県遠野	090-9999-	友人
8		小澤　圭	584-0111	大阪府富田	080-5555-	親戚
9		加納　智生	780-8000	高知県高知	078-456-1	友人
10						

3 データが削除されました

セル内の文字をすべて書き換える場合は、この方法で行います

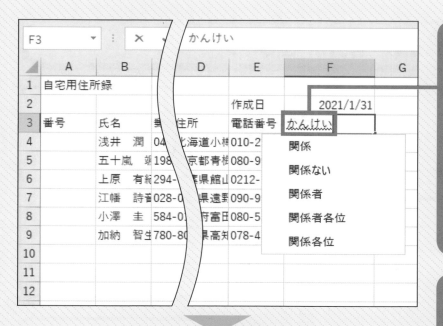

4 ⓀⒶⓃⓀⒺⒾ の順にキーを押します

❗ セルの下に入力候補が表示されたときは、そこから選択することもできます

5 スペース キーを押して、「関係」と変換します

6 エンター Enter キーを押します

7 もう一度 エンター Enter キーを押すと、文字の修正が完了します

次へ

151

セル内の文字を追加／削除しよう

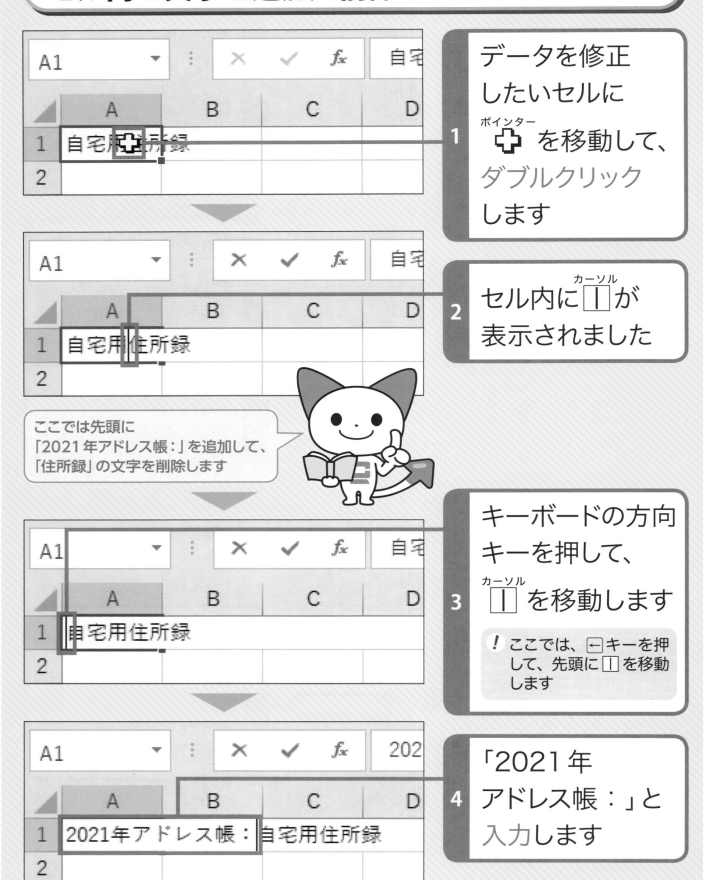

データを修正したいセルに ポインター ✛ を移動して、**ダブルクリック** します

セル内に カーソル Ⅰ が表示されました

ここでは先頭に「2021年アドレス帳：」を追加して、「住所録」の文字を削除します

キーボードの方向キーを押して、カーソル Ⅰ を移動します

! ここでは、←キーを押して、先頭に Ⅰ を移動します

「2021年アドレス帳：」と入力します

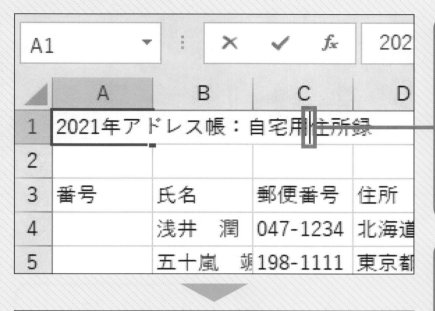

5 方向キーを
押して、
カーソル
□ を移動します

! ここでは「住」の左側に
移動します

6 Delete キーを
デリート
3回押します

7 「住所録」の
文字が
削除されました

おわり

Column　**文字の一部を差し替える**

入力した文字の一部を
差し替える場合は、差
し替える文字をドラッグ
して選択します。その
まま新しい文字を入力
すると修正されます。

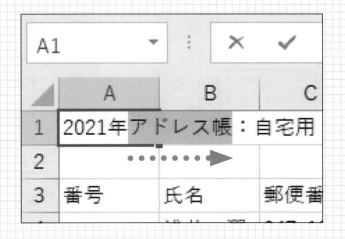

Section 51 連続したデータをすばやく入力しよう

エクセルでは、「1」「2」「3」…などの連続したデータを、フィルハンドルを使ってすばやく入力することができます。

●操作に迷ったときは…… 左クリック **13** ページ ドラッグ **14** ページ 入力 **32** ページ

	A	B	C	D
1	2021年アドレス帳：自宅用			
2				
3	番号	氏名	郵便番号	住所
4	⊕ 1	浅井　潤	047-1234	北海道小樽
5		五十嵐　頼	198-1111	東京都青栖
6		上原　有紀	294-0000	千葉県館山

1 セル「A4」に「1」と入力し、このセルを左クリックします

3	番号	氏名	郵便番号	住所
4	1	浅井　潤	047-1234	北海道小樽
5		五十嵐　頼	198-1111	東京都青栖
6		上原　有紀	294-0000	千葉県館山

2 セルの右下にある
フィルハンドル　ポインター
■ に ⊕ を移動すると、形が ╋ に変わります

3	番号	氏名	郵便番号	住所
4	1	浅井　潤	047-1234	北海道小樽
5		五十嵐　頼	198-1111	東京都青栖
6		上原　有紀	294-0000	千葉県館山
7		工幡　詩音	028-0555	岩手県遠野
8		小澤　圭	584-0111	大阪府富田
9		加納　智生	780-8000	高知県高知
10	1			

3 そのまま下方向へドラッグします

！ 最後のセルに、入力されるデータが小さく表示されます

3	番号	氏名		郵便番号	住所
4	1	浅井	潤	047-1234	北海道小樽
5	1	五十嵐	頼	198-1111	東京都青梅
6	1	上原	有紀	294-0000	千葉県館山
7	1	江幡	詩音	028-0555	岩手県遠野
8	1	小澤	圭	584-0111	大阪府富田
9	1	加納	智生	780-8000	高知県高知
10		🖳▾			
11					
12					

4 すべてのセルに「1」が表示されます

5 オートフィルオプション 🖳 を左クリックします

8	1	小澤	圭	584-0111	大阪府富田
9	1	加納	智生	780-8000	高知県高知
10		🖳▾			

⦿	セルのコピー(C)
○	連続データ(S)
○	書式のみコピー (フィル)(F)
○	書式なしコピー (フィル)(O)
○	フラッシュ フィル(F)

| 16 | | | | | |

6 ○ 連続データ(S) を左クリックします

このほかに、年／月の数字や曜日なども連続データとして入力できます

3	番号	氏名		郵便番号	住所
4	1	浅井	潤	047-1234	北海道小樽
5	2	五十嵐	頼	198-1111	東京都青梅
6	3	上原	有紀	294-0000	千葉県館山
7	4	江幡	詩音	028-0555	岩手県遠野
8	5	小澤	圭	584-0111	大阪府富田
9	6	加納	智生	780-8000	高知県高知
10		🖳			
11					

7 連続するデータが入力できました

おわり

第7章

表の見た目を整えよう

表のデータを入力したら、列幅を調整したり、罫線を引いたり、セルを結合したりして、表を見やすくします。さらに、文字の書体や大きさ、配置を変えたり、セルに色を付けたりして、インパクトのある美しい表に仕上げましょう。最後に完成した表を印刷します。

この章でできるようになること

表を見やすくできます！　　　　　　　　　　▶158〜175ページ

列幅を調整したり、表に罫線を引いたりすると
表が見やすくなります

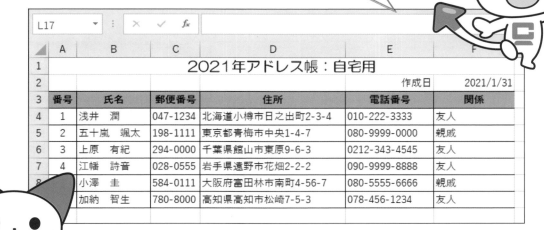

文字の書体や大きさ、色の変更、セル内での
配置の設定などを解説します

表を印刷できます！　　　　　　　　　　　　▶176ページ

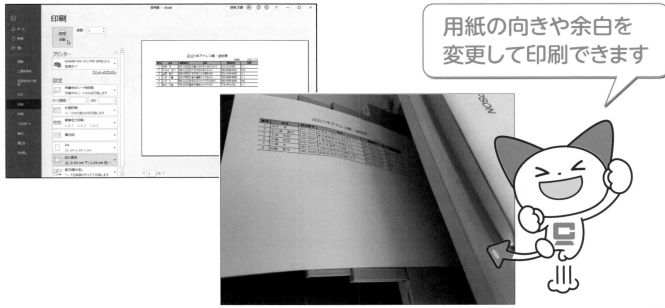

用紙の向きや余白を
変更して印刷できます

Section 52 表の列幅を整えよう

入力したデータがセルに収まらないときや、表の体裁を整えたいときは、
列の幅や行の高さをドラッグ操作で調整します。

● 操作に迷ったときは…… ドラッグ 14ページ

F14   *fx*

	A	B	C	D	E
1	2021年アドレス帳：自宅用				
2					作成日
3	番号	氏名	郵便番号	住所	電話番号
4	1	浅井　潤	047-1234	北海道小樽	010-222-3
5	2	五十嵐　顕	198-1111	東京都青梅	080-9999-

1 幅を変更したい
列番号の右端に
ポインター
✚ を移動すると、
形が ✛ に
変わります

! ここでは、A列の幅を
変更します

M17   幅: 4.50 (41 ピクセル)   *fx*

	A ✛	B	C	D	E
1	2021年アドレス帳：自宅用				
2					作成日
3	番号	氏名	郵便番号	住所	電話番号
4	1	浅井　潤	047-1234	北海道小樽	010-222-3
5	2	五十嵐　顕	198-1111	東京都	

2 そのまま左方向に
ドラッグします

ドラッグすると、
枠線が左右に動きます

M16   *fx*

	A	B	C	D	E	
1	2021年アドレス帳：自宅用					
2					作成日	2
3	番号	氏名	郵便番号	住所	電話番号	関係
4	1	浅井　潤	047-1234	北海道小樽	010-222-3	友人
5	2	五十嵐　顕	198-1111	東京都青梅	080-9999-	親戚

3 マウスのボタンを
離すと、列幅が
狭くなりました

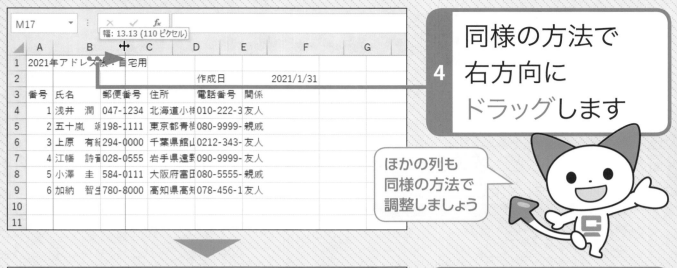

同様の方法で
右方向に
ドラッグします
4

ほかの列も
同様の方法で
調整しましょう

列幅が
広くなりました
5

ほかの列幅も
変更します
6

おわり

Column 　**行の高さを変えるには**

エクセルでは、入力された文字の大きさによって、
行の高さが自動的に調整されます。手動で調整する
場合は、高さを変更したい
行の行番号の下に ✚ を移動
し、形が ✤ に変わったら、
上下方向にドラッグします。

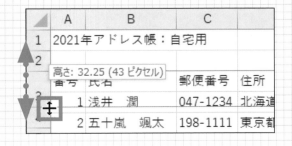

159

Section 53 表に罫線を引こう

罫線で表を囲むと、表のデータが見やすくなります。ここでは、表全体に格子状の罫線を引きましょう。

● 操作に迷ったときは……　左クリック **13** ページ　ドラッグ **14** ページ

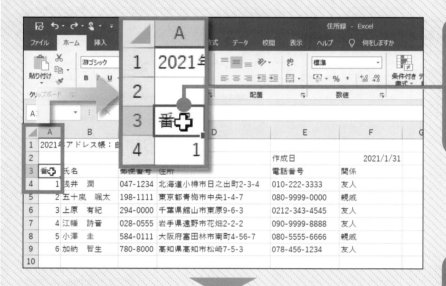

1 表の左上の
セル「A3」に
ポインター
➕ を移動します

2 表の右下の
セル「F9」まで
ドラッグします

3 ドラッグした
範囲が
選択されました

選択に失敗しても、あわてずに
もう一度やり直しましょう

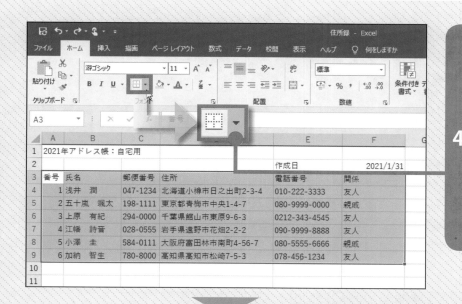

4　<ホーム>タブの
罫線
田の▼を
左クリックします

！ ほかのタブが表示され
ている場合は、<ホーム>タ
ブを左クリックします

5　罫線の一覧が
表示されました

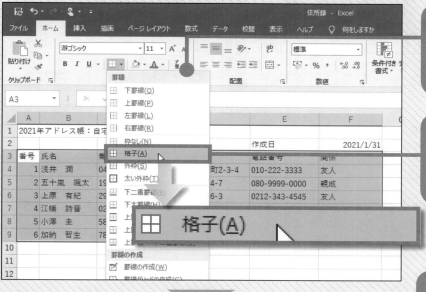

6　田 格子(A)を
左クリックします

田 格子(A)

7　表に格子状の
罫線が
引かれました

8　表以外のセルを
左クリックして、
選択を
解除します

おわり

Section 54 罫線を削除しよう

間違って罫線を引いてしまった場合は、罫線を削除しましょう。
一部の罫線だけを削除することも、すべての罫線を削除することもできます。

● 操作に迷ったときは…… 左クリック **13** ページ　ドラッグ **14** ページ　キー **16** ページ

1 **ホーム** タブの
罫線
□ ▼ の ▼ を
左クリックします

罫線のアイコンは、直前に
どの罫線を利用したかによって
絵柄が異なります

2 罫線の一覧が
表示されました

3 ✎ 罫線の削除(E) を
左クリックします

162

	ドレス帳：自宅用		
D	E	F	G
		作成日	2021/1/31
		電話番号	関係
市日之出町2-3-4	010-222-3333	友人	
市中央1-4-7	080-9999-0000	親戚	
市東原9-6-3	0212-343-4545	友人	
市花畑2-2-2	090-9999-8888	友人	
林市南町4-56-7	080-5555-6666	親戚	
市松崎7-5-3	078-456-1234	友人	

4 ➕ の形が 🧹 に変わりました

5 削除したい罫線の上をドラッグします

A1		×	✓	fx	2021年アドレス帳：自宅用	
	A	B	C	D	E	F
1	2021年アドレス帳：自宅用					
2					作成日	2021/1/31
3	番号	氏名	郵便番号	住所	電話番号	関係
4	1	浅井　潤	047-1234	北海道小樽市日之出町2-3-4	010-222-3333	友人
5	2	五十嵐　颯太	198-1111	東京都青梅市中央1-4-7	080-9999-0000	親戚
6	3	上原　有紀	294-0000	千葉県館山市東原9-6-3	0212-343-4545	友人
7	4	江幡　詩音	028-0555	岩手県遠野市花畑2-2-2	090-9999-8888	友人
8	5	小澤　圭	584-0111	大阪府富田林市南町4-56-7	080-5555-6666	親戚
9	6	加納　智生	780-8000	高知県高知市松崎7-5-3	078-456-1234	友人
10						
11						

6 ドラッグした部分の罫線が削除されました

7 左端の罫線も同様に削除します

A1		×	✓	fx	2021年アドレス帳：自宅用	
	A	B	C	D	E	F
1	2021年アドレス帳：自宅用					
2					作成日	2021/1/31
3	番号	氏名	郵便番号	住所	電話番号	関係
4	1	浅井　潤	047-1234	北海道小樽市日之出町2-3-4	010-222-3333	友人
5	2	五十嵐　颯太	198-1111	東京都青梅市中央1-4-7	080-9999-0000	親戚
6	3	上原　有紀	294-0000	千葉県館山市東原9-6-3	0212-343-4545	友人
7	4	江幡　詩音	028-0555	岩手県遠野市花畑2-2-2	090-9999-8888	友人
8	5	小澤　圭	584-0111	大阪府富田林市南町4-56-7	080-5555-6666	親戚
9	6	加納　智生	780-8000	高知県高知市松崎7-5-3	078-456-1234	友人
10						➕
11						
12						

8 削除し終わったら Esc キーを押して 🧹 の形を通常の ➕ に戻します

おわり

Column **表全体の罫線を削除するには**

表全体の罫線を削除する場合は、表全体を選択して、⊞▾ の ▾ を左クリックし、⬚ 枠なし(N) を左クリックします。

Section 55 セルを結合しよう

隣り合う複数のセルは、結合して1つのセルとして扱うことができます。結合後の文字の配置も設定できます。ここでは、表のタイトルを中央にします。

操作に迷ったときは…… 左クリック **13** ページ ドラッグ **14** ページ

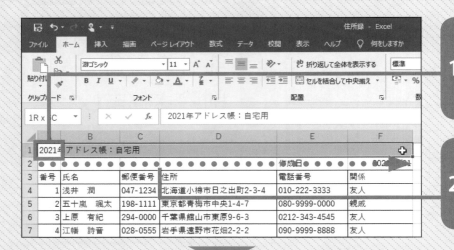

1 セル「A1」に ポインター ✛ を移動します

2 セル「F1」まで ドラッグします

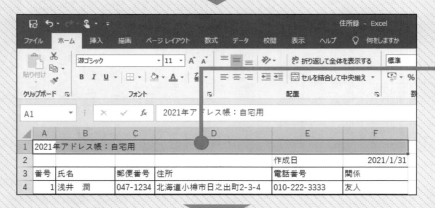

3 範囲が 選択されました

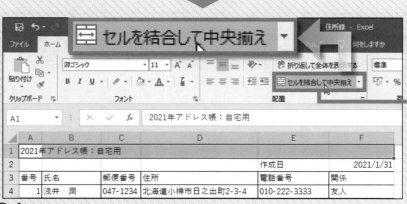

4 ホーム タブの ⊟ セルを結合して中央揃え を左クリックします

! ウィンドウの大きさによっては ⊟ のみが表示されます

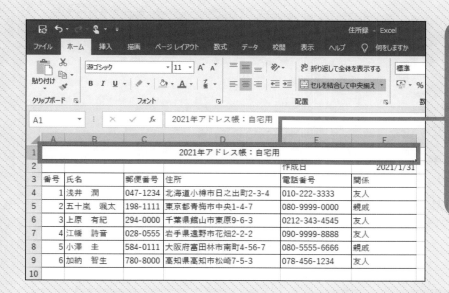

5 選択したセルが
1つに
結合されました

！ タイトルが中央に配置
されました

おわり

Column 結合後の文字の配置

ここではセルを結合して文字を中央揃えにしていますが、🔳 セルを結合して中央揃え の ▾ を左クリックして、⊞ セルの結合(M) を左クリックすると文字が左揃えになります。

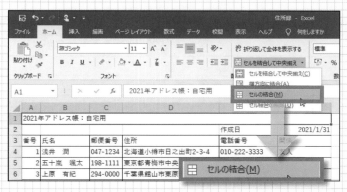

Column セルの結合を解除するには

結合されたセルを左クリックして、再度 🔳 セルを結合して中央揃え を左クリックすると、セルの結合を解除できます。

Section 56 文字の書体を変えよう

文字の書体（フォント）やサイズを必要に応じて変更すると、表にメリハリが付きます。ここでは、タイトルの書体を変えてみましょう。

● 操作に迷ったときは…… 左クリック **13** ページ　ドラッグ **14** ページ

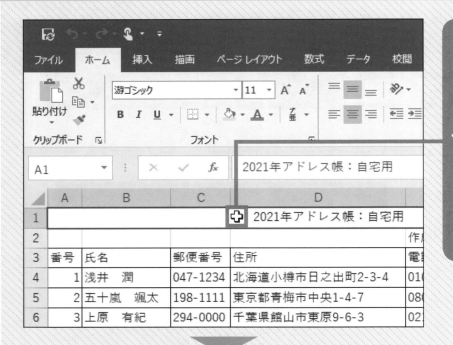

1 文字の書体を変えたいセルに
ポインター
✛ を移動して
左クリックします

! ここでは、タイトルの文字の書体を変えます

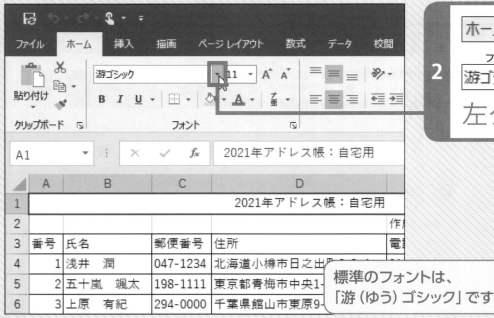

2 ホーム タブの
フォント
游ゴシック の ▼ を
左クリックします

標準のフォントは、「游（ゆう）ゴシック」です

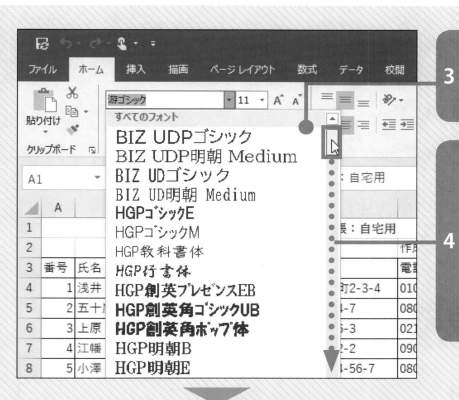

3 フォントの一覧が
表示されました

4 スクロール
ボックスを
ドラッグして、
一覧の下を
表示します

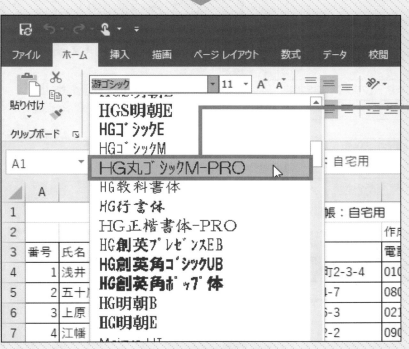

5 目的のフォントを
左クリックします

❗ ここでは、「HG丸ゴシック
M-PRO」を選択し
ます

6 文字の書体が
変わりました

おわり

Section 57 文字の大きさを変えよう

文字のサイズを大きくすると、その部分を目立たせることができます。ここでは、タイトルのサイズを変えてみましょう。

●操作に迷ったときは…… 左クリック **13** ページ

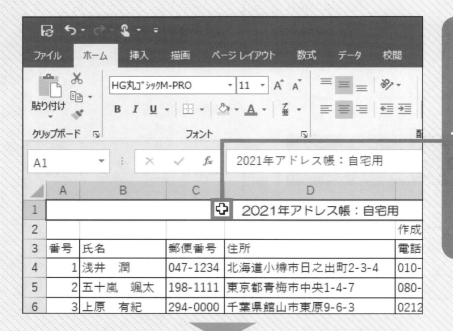

1 文字のサイズを変えたいセルに
ポインター
✚ を移動して
左クリックします

> ! ここでは、タイトルの文字サイズを変えます

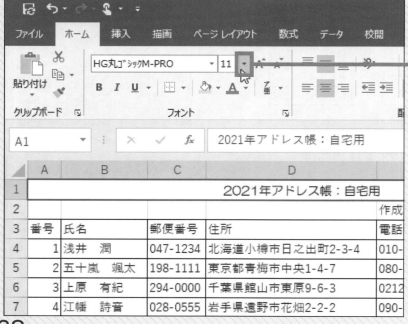

2 ホーム タブの
フォントサイズ
11 ▾ の ▾ を
左クリックします

> 文字の大きさは、ポイントという単位で表します

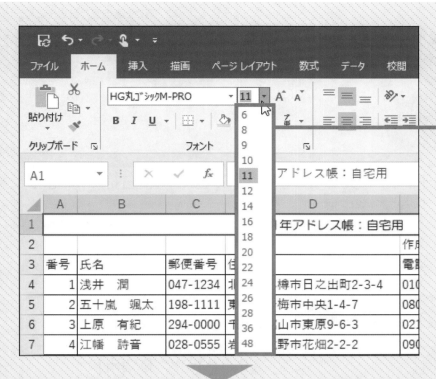

3 フォントサイズの一覧が表示されました

4 目的のフォントサイズを左クリックします

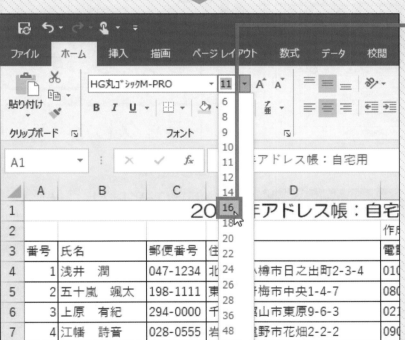

数字の上に ⌖ を移動すると、見た目の変化を確認することができます。これを、「プレビュー」といいます

5 文字のサイズが変わりました

C	D	E
	2021年アドレス帳：自宅用	
		作成日
郵便番号	住所	電話番号
047-1234	北海道小樽市日之出町2-3-4	010-222-3333
198-1111	東京都青梅市中央1-4-7	080-9999-0000
294-0000	千葉県館山市東原9-6-3	0212-343-4545
028-0555	岩手県遠野市花畑2-2-2	090-9999-8888
584-0111	大阪府富田林市南町4-56-7	080-5555-6666

! ここでは、16ポイントに変更しました。行の高さは、文字の大きさによって自動的に調整されます

おわり

Section 58 文字を中央や右に揃えよう

標準では、セルに入力した日本語や英字は左揃えに、数字は右揃えになります。この配置は変更することができます。

● 操作に迷ったときは…… 左クリック **13** ページ　ドラッグ **14** ページ

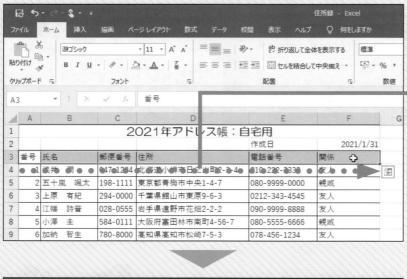

1 セル「A3」に ポインター ✛ を移動し、セル「F3」まで ドラッグします

2 ドラッグした 範囲が 選択されました

3 ホーム タブの 中央揃え ☰ を 左クリックします

> ❗ ほかのタブが表示されている場合は、ホーム タブを左クリックします

4 列見出しが セルの中央に 配置されました

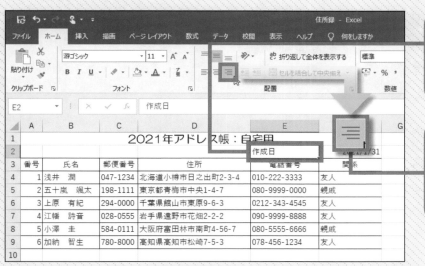

5 セル「E2」を
左クリックします

6 右揃え
🔲を
左クリックします

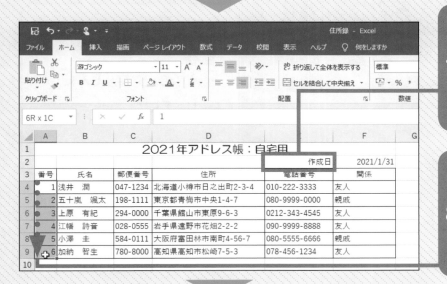

7 「作成日」が
右揃えに
配置されました

8 セル「A4」から
「A9」まで
ドラッグします

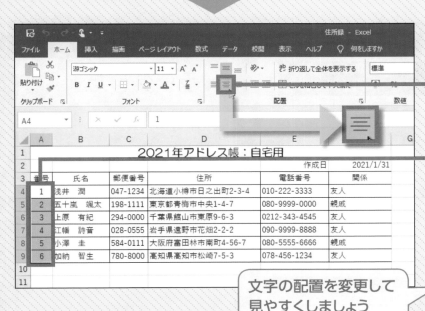

9 中央揃え
🔲を左クリック
します

10 中央に
配置されました

文字の配置を変更して
見やすくしましょう

おわり

Section 59 文字を太字にしよう

列見出しの文字を太字にすると、データ部分との区別がつきやすくなります。
文字を斜めに傾けたり、下線を引いたりすることもできます。

● 操作に迷ったときは…… 左クリック **13** ページ ドラッグ **14** ページ

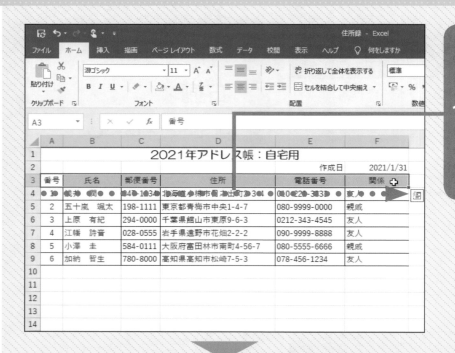

1 セル「A3」に
ポインター
➕ を移動して、
セル「F3」まで
ドラッグします

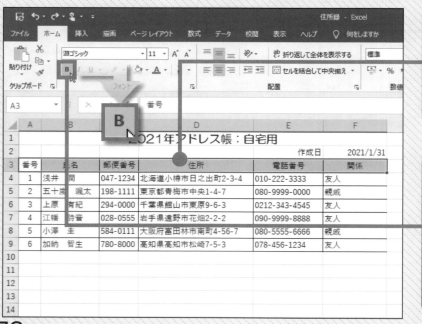

2 ドラッグした
範囲が
選択されました

3 ホーム タブの 太字 **B** を
左クリックします

❗ もう一度左クリックす
ると、解除されます

172

列見出しの
文字が
太字になりました

4

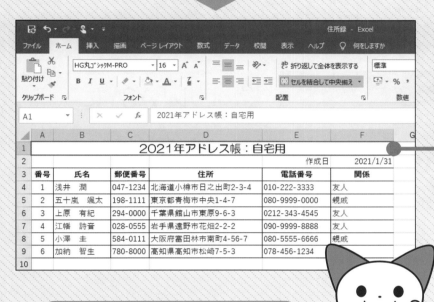

列見出し以外の
セルを
左クリックして、
選択を
解除します

5

一部の文字を太字にしたい場合は、
文字を選択してから B を
左クリックします

おわり

Column **文字を斜めにしたり下線を引いたりするには**

文字を斜めにするにはセルを選択して I を左クリックします。下線を引くには U を左クリック、二重下線を引くには U ▾ の ▾ を左クリックして D 二重下線(D) を左クリックします。

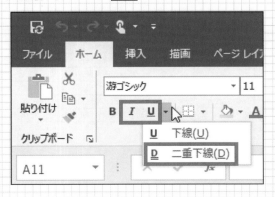

Section 60 セルに色を付けよう

表の見出しのセルに色を付けると、見栄えがよく、インパクトのある表になります。列見出しのセルに色を付けてみましょう。

● 操作に迷ったときは…… 左クリック **13** ページ　ドラッグ **14** ページ

1 セル「A3」に
ポインター
➕ を移動し、
セル「F3」まで
ドラッグします

2 ドラッグした
範囲が
選択されました

3 ホーム タブの
塗りつぶしの色
🪣▾ の ▾ を
左クリックします

！ ほかのタブが表示されている場合は、ホーム タブを左クリックします

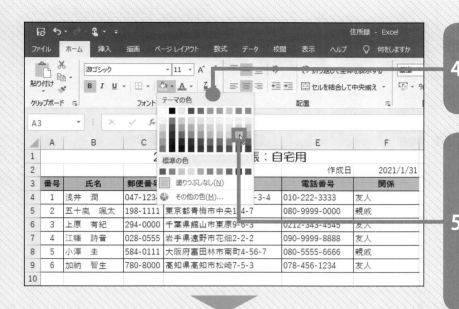

4 色の一覧が
表示されました

5 使いたい色を
左クリックします

！ 色に 🗘 を移動すると、
プレビュー表示され
ます

6 列見出しのセルに
色が付きました

一度付けた色を取り消すには、
色を付けたセルを選択して
手順 **5** で ☐ 塗りつぶしなし(N) を選びます

おわり

Column 文字に色を付けるには

文字に色を付けるに
は、セルまたは文字
を選択して 🅰 ▾ の ▾
を左クリックし、使
いたい色を左クリッ
クします。

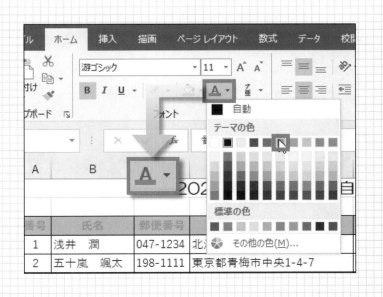

Section 61 エクセルの表を印刷しよう

作成した表を印刷してみましょう。印刷する前に、プレビューで印刷イメージを確認しましょう。ここでは、用紙の向きや余白を変更して印刷してみます。

● 操作に迷ったときは…… 左クリック 13ページ

用紙の向きを変更しよう

1 この章で作成した表を表示します

2 ファイル タブを左クリックします

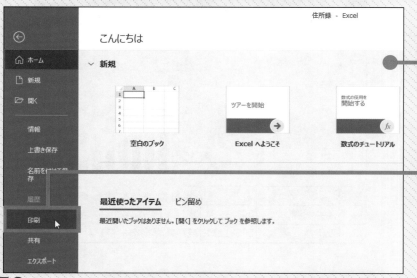

3 画面が切り替わりました

4 印刷 を左クリックします

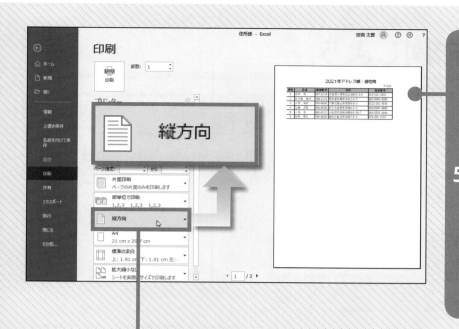

5 印刷設定の画面に切り替わり、右側に印刷プレビューが表示されました

！ ← をクリックすると、もとの編集画面に戻ります

6 📄 縦方向 を左クリックします

7 📄 横方向 を左クリックします

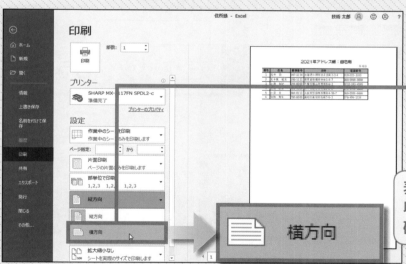

表が1ページに収まっているか確認しましょう

8 用紙の向きが横方向に変更されました

次へ

177

余白を変更して印刷しよう

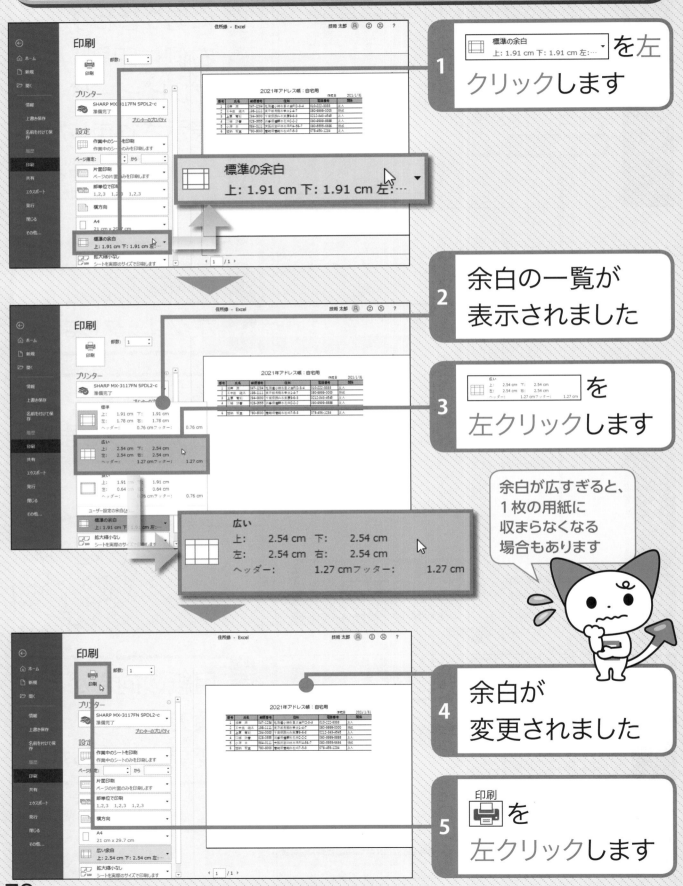

1 標準の余白
上: 1.91 cm 下: 1.91 cm 左:… を左クリックします

2 余白の一覧が表示されました

3 広い
上: 2.54 cm 下: 2.54 cm
左: 2.54 cm 右: 2.54 cm
ヘッダー: 1.27 cmフッター: 1.27 cm を左クリックします

余白が広すぎると、
1枚の用紙に
収まらなくなる
場合もあります

4 余白が変更されました

5 印刷
を左クリックします

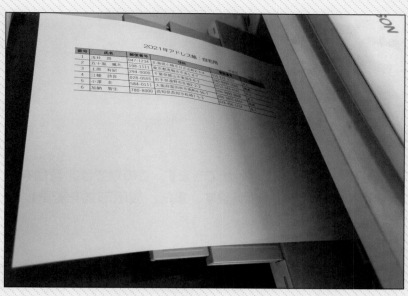

6 表が
印刷されました

できあがり!

おわり

Column 用紙サイズを変更するには

ここでは、初期設定のA4サイズで印刷していますが、
用紙サイズを変えて印刷したい場合は、以下のよう
に操作します。なお、選択できる用紙の種類は、使
用しているプリンターによって異なります。

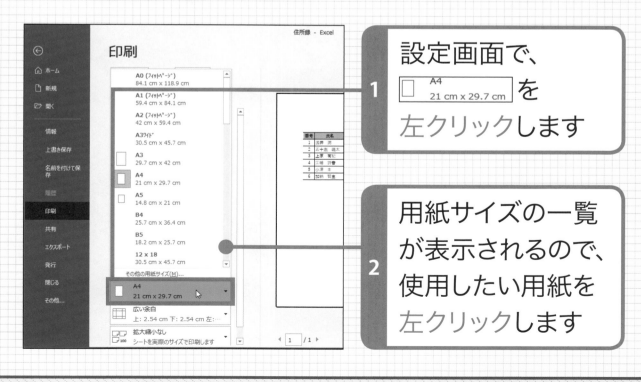

1 設定画面で、
□ A4 21 cm x 29.7 cm を
左クリックします

2 用紙サイズの一覧
が表示されるので、
使用したい用紙を
左クリックします

第8章

表を使って計算しよう

エクセルでは、数式を利用してさまざまな計算を行うことができます。この章では、数値を直接入力したり、セル番号や関数を使った計算方法を覚えます。また、表示形式を変更して、数値を見やすくする方法も覚えましょう。

この章でできるようになること

合計の計算ができます！　　▶182〜197ページ

数値を入力して直接計算したり、セル番号や関数を使ったりさまざまな計算方法を覚えましょう

	A	B	C	D	E	F
1	自転車講習会参加者推移					
2						
3		小・中学生	高校生以上	40代以上	目標数	合計
4	第1回	3822	3184	1932	9000	8938
5	第2回	4105	3865	2108	10000	10078
6	第3回	3986	4432	2617	12000	11035
7	第4回	6103	4926	2724	13000	13753
8	合計	18016	16407	9381		43804
9	構成比					

計算式をコピーするとすばやく計算ができます。また、合計する範囲を変更する方法を覚えましょう

カンマやパーセント表示ができます　　▶198ページ

3桁区切りの「,」やパーセント記号「%」を付けると、数値がわかりやすくなります

	A	B	C	D	E	F
1	自転車講習会参加者推移					
2						
3		小・中学生	高校生以上	40代以上	目標数	合計
4	第1回	3,822	3,184	1,932	9,000	8,938
5	第2回	4,105	3,865	2,108	10,000	10,078
6	第3回	3,986	4,432	2,617	12,000	11,035
7	第4回	6,103	4,926	2,724	13,000	13,753
8	合計	18,016	16,407	9,381		43,804
9	構成比	41%	37%	21%		
10						

Section 62 数値を入力して計算しよう

表の数値を利用して、計算することができます。ここでは、数値と足し算の記号を入力して合計を求めてみましょう。

●操作に迷ったときは……　左クリック **13** ページ　キー **16** ページ　入力 **32** ページ

1 このような表を作成します

> ! 表の作成方法については第6、7章を参照してください

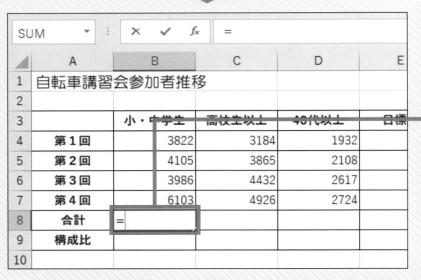

2 結果を表示するセル「B8」を左クリックします

> ! 入力モードが A になっていることを確認します

3 「＝」（イコール）と半角で入力します

> 「＝」を入力するには、Shift キーを押しながら =ほ キーを押します

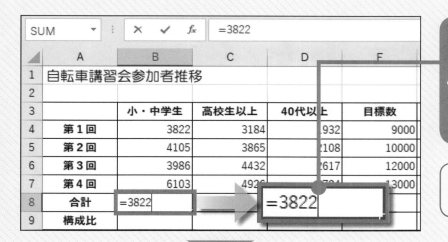

SUM	▼	×	✓	fx	=3822	

	A	B	C	D	F
1	自転車講習会参加者推移				
2					
3		小・中学生	高校生以上	40代以上	目標数
4	第1回	3822	3184	1932	9000
5	第2回	4105	3865	2108	10000
6	第3回	3986	4432	2617	12000
7	第4回	6103	4926	2724	13000
8	合計	=3822		=3822	
9	構成比				

4 セル「B4」の値「3822」を半角で入力します

ここではB列の数値を順に入力して合計します

SUM	▼	×	✓	fx	=3822+	

	A	B	C	D	E
1	自転車講習会参加者推移				
2					
3		小・中学生	高校生以上	40代以上	目標数
4	第1回	3822	3184	1932	9000
5	第2回	4105	3865	2108	10000
6	第3回	3986	4432	2617	12000
7	第4回	6103	4926	2724	13000
8	合計	=3822+		=3822+	
9	構成比				

5 「+」（プラス）と半角で入力します

SUM	▼	×	✓	fx	=3822+4105+3986+6103	

	A	B	C	D	E
1	自転車講習会推移				
2		=3822+4105+3986+6103			
3		小・中学生	高校生以上	40代以上	目標数
4	第1回	3822	3184	1932	9000
5	第2回	4105	3865	2108	10000
6	第3回	3986	4432	2617	12000
7	第4回	6103	4926	2724	13000
8	合計	=3822+4105+3986+6103			
9	構成比				

6 続けて計算式を入力します

7 エンター Enter キーを押します

1	自転車講習会参加者推移				
2					
3		小・中学生	高校生以上	40代以上	目標数
4	第1回	3822	3184	1932	9000
5	第2回	4105	3865	2108	10000
6	第3回	3986	4432	2617	12000
7	第4回	6103	4926	2724	13000
8	合計	18016			
9	構成比				

8 計算結果が表示されました

! 足し算は「+」、引き算は「−」、掛け算は「*」、割り算は「/」の記号を使います

おわり

Section 63 セルを指定して計算しよう

数値のかわりにセル番号を利用して、計算することもできます。セル番号を使うと、数値を入力する手間が省けます。

●操作に迷ったときは……　左クリック **13** ページ　キー **16** ページ　入力 **32** ページ

セル番号を指定しよう

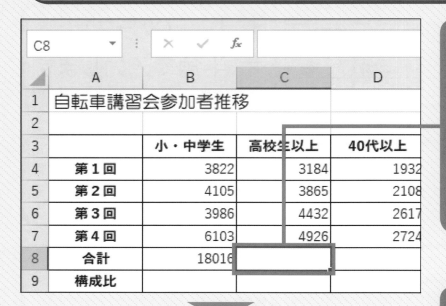

1 結果を表示するセル「C8」を左クリックします

！ 入力モードが A になっていることを確認します

2 「=」（イコール）と半角で入力します

「=」を入力するには、Shift キーを押しながら ＝ほ キーを押します

184

SUM	▼	⋮	×	✓	fx	=		

◢	A	B	C	D
1	自転車講習会参加者推移			
2				
3		小・中学生	高校生以上	40代以上
4	第1回	3822	🖰 3184	1932
5	第2回	4105	3865	2108
6	第3回	3986	4432	2617
7	第4回	6103	4926	2724
8	合計	18016	=	
9	構成比			

3 セル「C4」を
左クリックします

ここでは C 列の数値をセル番号で
指定して合計します

C4	▼	⋮	×	✓	fx	=C4		

◢	A	B	C	D
1	自転車講習会参加者推移			
2				
3		小・中学生	高校生以上	40代以上
4	第1回	3822	3184	1932
5	第2回	4105	3865	2108
6	第3回	3986	4432	2617
7	第4回	6103	4926	2724
8	合計	18016	=C4	
9	構成比			

4 「=」のあとに
セル番号「C4」が
自動的に
入力されました

❗ 列番号と行番号で表す
セルの位置のことを「セ
ル番号」といいます

C8	▼	⋮	×	✓	fx	=C4+		

◢	A	B	C	D
1	自転車講習会参加者推移			
2				
3		小・中学生	高校生以上	40代以上
4	第1回	3822	3184	1932
5	第2回	4105	3865	2108
6	第3回	3986	4432	2617
7	第4回	6103	4926	2724
8	合計	18016	=C4+	
9	構成比			

5 「+」(プラス)と
半角で入力します

次へ

計算結果を求めよう

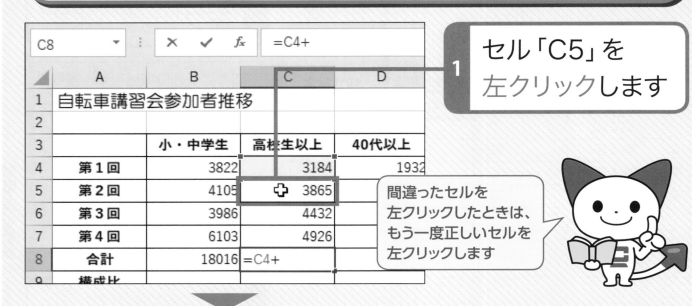

| 1 | セル「C5」を左クリックします |

間違ったセルを左クリックしたときは、もう一度正しいセルを左クリックします

| 2 | 「+」のあとにセル番号「C5」が入力されました |

| 3 | 「+」(プラス)と半角で入力します |

| 4 | セル「C6」を左クリックします |

| 5 | 「+」のあとにセル番号「C6」が入力されました |

| 6 | 「+」(プラス)と半角で入力します |

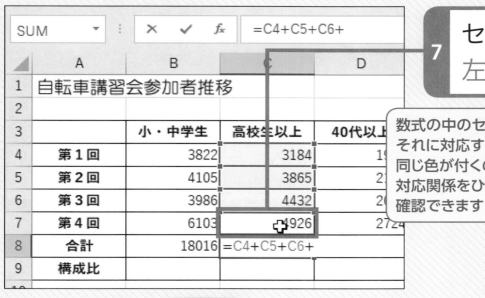

7 セル「C7」を
左クリックします

数式の中のセル番号と
それに対応するセルには
同じ色が付くので、
対応関係をひと目で
確認できます

8 「+」のあと
セル番号「C7」が
入力されました

9 [Enter] キーを
押します
エンター

10 計算結果が
表示されました

! 引き算（−）、掛け算
（＊）、割り算（/）も同
じ方法で計算すること
ができます

おわり

Section 64 行／列の合計を求めよう

同じ行や列に数値が連続して入力されている場合、Σ を使うと、かんたんに合計を求められます。合計に必要なセル範囲は自動的に選択されます。

● 操作に迷ったときは…… 左クリック **13** ページ キー **16** ページ

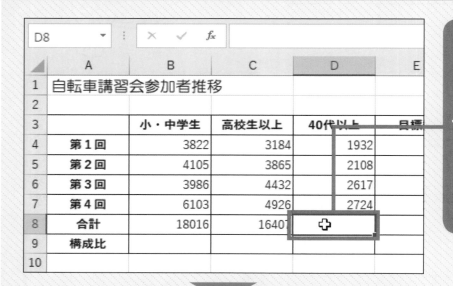

1 合計を表示する
セル「D8」を
左クリックします

> ! ここでは、セル「D4」からセル「D7」までを合計します

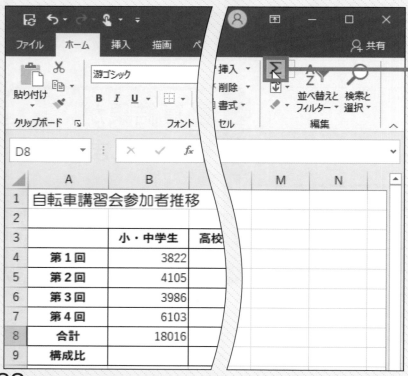

2 ホーム タブの Σ（オートSUM）を
左クリックします

> Σ を左クリックすると、合計を計算するための関数が入力されます

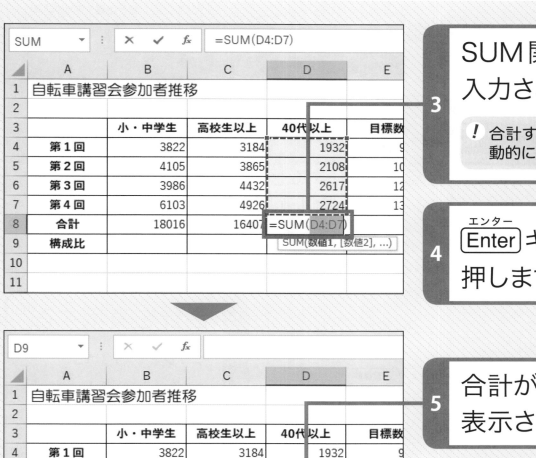

3 SUM関数が入力されました

! 合計するセル範囲が自動的に選択されます

4 エンター [Enter]キーを押します

5 合計が表示されました

おわり

💬 **Column** 🢒 **関数とは**

「関数」とは、目的の計算を行うために、あらかじめ用意されている機能のことです。関数を利用すると、計算式を入力しなくても、計算に必要な値を指定するだけで、かんたんに計算結果を求められます。関数には、合計（SUM）や平均（AVERAGE）、COUNT（個数）、最大値（MAX）などがあります。

Section 65 合計する範囲を修正しよう

188ページのように Σ を使うと、合計するセル範囲は自動的に選択されます。セル範囲が間違っている場合は、セル範囲を修正しましょう。

●操作に迷ったときは…… 左クリック **13** ページ　ドラッグ **14** ページ　キー **16** ページ

1 合計を表示する
セル「F4」を
左クリックします

！ ここでは、セル「B4」
からセル「D4」までを
合計します

2 ホーム タブの オートSUM Σ を
左クリックします

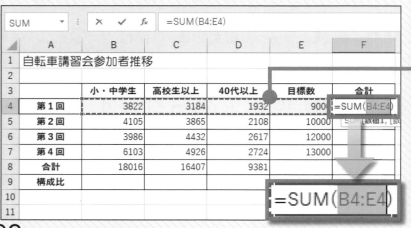

3 間違った
セル範囲が
選択されました

！ ここでは、合計に含め
ないセル「E4」も選択
されています

4 セル「B4」を
左クリックします

5 そのまま
セル「D4」まで
ドラッグします

6 セル範囲が
修正されました

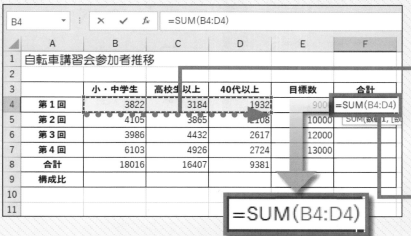

=SUM(B4:D4)

7 エンター
[Enter]キーを
押します

8 合計が正しく
表示されました

合計のセルの左上に ■ (エラーインジケーター) が
表示されますが、無視してかまいません

おわり

Section 66 計算式をコピーしよう

同じ計算を繰り返す場合は、計算式をコピーすると便利です。計算式で指定しているセル番号は、コピー先のセルに合わせて自動的に変化します。

● 操作に迷ったときは…… 左クリック **13** ページ ドラッグ **14** ページ

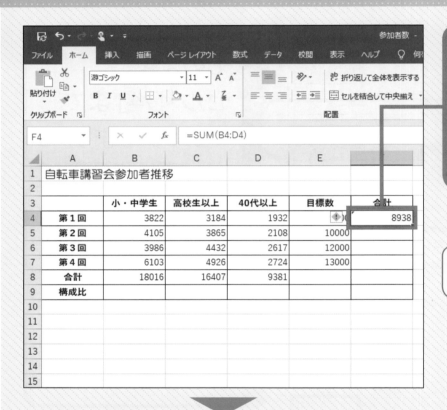

1 計算結果が表示されたセル「F4」を左クリックします

セルを左クリックすると、数式バーに数式が表示されます

2 セルの右下にあるフィルハンドル ポインター ■ に ✚ を移動すると、形が ✚ に変わります

3 そのまま計算式をコピーしたいセルまでドラッグします

> ！ ここでは、セル「F4」からセル「F7」までドラッグします

4 マウスのボタンを離します

5 計算式がコピーされて、結果が自動的に表示されます

おわり

Column **コピーするとセル番号が自動的に変わる**

計算式をコピーすると、コピーもとの計算式で指定されているセル番号は、コピー先に合わせて自動的に変わります。この例では、セル「F4」の「＝SUM(B4:D4)」が、セル「F5」には「＝SUM(B5:D5)」としてコピーされます。これを「相対参照」といいます。

Section 67 セルを固定して計算しよう

数式をコピーすると、通常では、参照先のセルが自動的に変更されます。
常に特定のセルを参照させたい場合は、セル番号を固定して計算します。

● 操作に迷ったときは……　左クリック **13** ページ　ドラッグ **14** ページ　キー **16** ページ　入力 **32** ページ

セルを固定して計算しよう

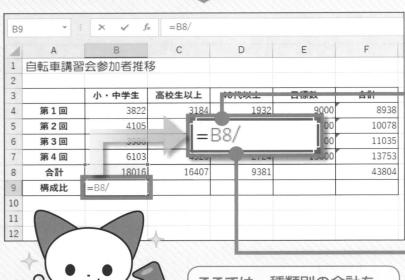

1 結果を表示する
セル「B9」に
「=」（イコール）
と半角で
入力します

2 セル「B8」を
左クリックします

3 「=」のあとに、
セル番号「B8」が
入力されました

4 「/」と半角で
入力します

ここでは、種類別の合計を
全合計のセル「F8」で割って、
構成比を求めます

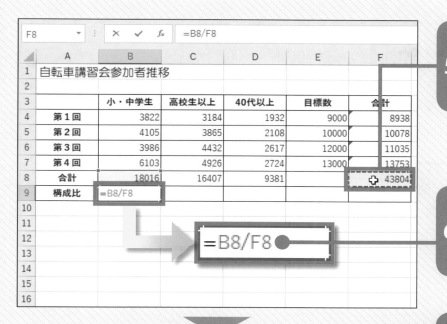

5 セル「F8」を
左クリックします

6 セル番号「F8」が
入力されました

7 F4 キーを
押します

! F4 キーは、キーボードの左上にあります

8 「F8」が「$F$8」
に変わりました

! ここでは、F4 キーを押してセル「F8」を固定しています

9 Enter キーを
押します

10 計算結果が
表示されました

次へ

計算式をコピーしよう

1 計算結果が表示されたセル「B9」を左クリックします

2 セルの右下にあるフィルハンドル ポインター ■ に ✚ を移動すると、形が ✚ に変わります

3 そのまま右方向にドラッグします

! ここでは、セル「B9」からセル「D9」までドラッグします

セルを固定していないと
計算式が正しくコピーされず、
「#DIV/0!」というエラーが表示されます

| B9 | | : | × | ✓ | f_x | =B8/$F$8 | |

	A	B	C	D	E	F
1	自転車講習会参加者推移					
2						
3		小・中学生	高校生以上	40代以上	目標数	合計
4	第1回	3822	3184	1932	9000	8938
5	第2回	4105	3865	2108	10000	10078
6	第3回	3986	4432	2617	12000	11035
7	第4回	6103	4926	2724	13000	13753
8	合計	18016	16407	9381		43804
9	構成比	0.41128664	0.374554835	0.214158524		
10						
11						
12						
13						
14						
15						
16						

4 マウスのボタンを離します

5 計算式がコピーされて、結果が自動的に表示されました

おわり

Column 相対参照と絶対参照

コピー先のセル番号に合わせて、参照するセル番号も変わる方式を「相対参照」、参照するセル番号を固定する方式を「絶対参照」といいます。

たとえば、相対参照で「＝A3＋B3」を下の行にコピーすると、参照先のセルが「＝A4＋B4」に変わります。一方、セル「A3」を絶対参照にした「＝$A$3＋B3」を下の行にコピーすると、セル「A3」をそのまま参照します。

	A	B	C	D
1				
2			相対参照	合計
3	100	50	=A3+B3	150
4	200	100	=A4+B4	300
5				

	A	B	C	D
1				
2			絶対参照	合計
3	100	50	=$A$3+B3	150
4	200	100	=$A$3+B4	200
5				

Section 68 , (カンマ) や%で 数値を見やすくしよう

数字が金額の場合は、3桁ごとに「,」（カンマ）を付けると見やすくなります。
比率の場合は、「%」（パーセント）を付けるとわかりやすくなります。

● 操作に迷ったときは…… 左クリック **13** ページ ドラッグ **14** ページ

3桁ごとに「,」を付けよう

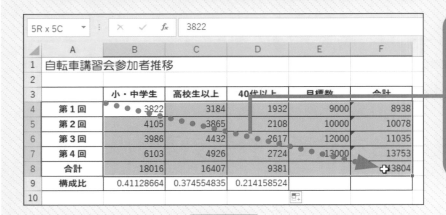

1 セル「B4」から セル「F8」まで ドラッグして 選択します

2 ホーム タブの 桁区切りスタイル を 左クリックします

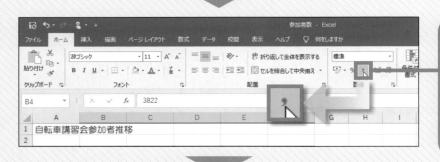

3 3桁ごとに 「,」（カンマ）が 付いた形式で 数値が 表示されました

構成比をパーセント形式にしよう

1R x 3C			fx	=B8/$F$8	
	A	B	C	D	E	F

	A	B	C	D	E	F
1	自転車講習会参加者推移					
2						
3		小・中学生	高校生以上	40代以上	目標数	合計
4	第1回	3,822	3,184	1,932	9,000	8,938
5	第2回	4,105	3,865	2,108	10,000	10,078
6	第3回	3,986	4,432	2,617	12,000	11,035
7	第4回	6,103	4,926	2,724	13,000	13,753
8	合計	18,016	16,407	9,381		43,804
9	構成比	0.41128664	0.374554835	0.21438524		
10						
11						
12						
13						

1 セル「B9」から
セル「D9」まで
ドラッグして
選択します

2 ホーム タブの
パーセントスタイル
% を
左クリックします

3 セルの数値が
パーセント形式で
表示されました

! 数値をパーセント形式
にすると、小数点以下
の桁数が四捨五入され
て表示されます

これで、集計表の完成です！

おわり

第9章

ワード文書にエクセルの表を貼り付けよう

エクセルで作成した表をワードの文書に貼り付けることができます。この章では、Sectionを通して表のコピーと貼り付けの操作を行います。続けて操作してください。貼り付けた表は、ワードの機能を使って体裁を整えることができます。

9

この章でできるようになること

エクセルの表をワードの文書に貼り付けます！ ▶202〜209ページ

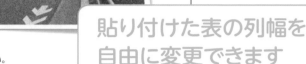

9時／11時　小・中学生
13時／15時　高校生以上

・会　場：市民会館　大会議室

・参加費：無料

※小学生は必ず保護者同伴で受講してください。

貼り付けた表の列幅を
自由に変更できます

▼過去の自転車講習会参加者数

	小・中学生	高校生以上	40代以上	目標数	合計
第1回	3,822	3,184	1,932	9,000	8,938
第2回	4,105	3,865	2,108	10,000	10,078
第3回	3,986	4,432	2,617	12,000	11,035
第4回	6,103	4,926	2,724	13,000	13,753
合計	18,016	16,407	9,381		43,804
構成比	41%	37%	21%		

主催：仮野市役所交通課
メール　cycle@karinocity.com
（担当：綷田）

貼り付けた表の見栄えをよくします！　▶210ページ

デザインが用意されているので
かんたんです

小・中学生
高校生以上

・会　場：市民会館　大会議室

・参加費：無料

※小学生は必ず保護者同伴で受講してください。

以上

▼過去の自転車講習会参加者数

	小・中学生	高校生以上	40代以上	目標数	合計
第1回	3,822	3,184	1,932	9,000	8,938
第2回	4,105	3,865	2,108	10,000	10,078
第3回	3,986	4,432	2,617	12,000	11,035
第4回	6,103	4,926	2,724	13,000	13,753
合計	18,016	16,407	9,381		43,804
構成比	41%	37%	21%		

主催：仮野市役所交通課
メール　cycle@karinocity.com
（担当：綷田）

Section 69 ワード文書に貼り付ける準備をしよう

第5章で作成したワードの文書に、第8章で作成したエクセルの表を貼り付ける準備をします。表を貼り付ける位置にカーソルを移動しておきます。

● 操作に迷ったときは…… 左クリック **13** ページ キー **16** ページ

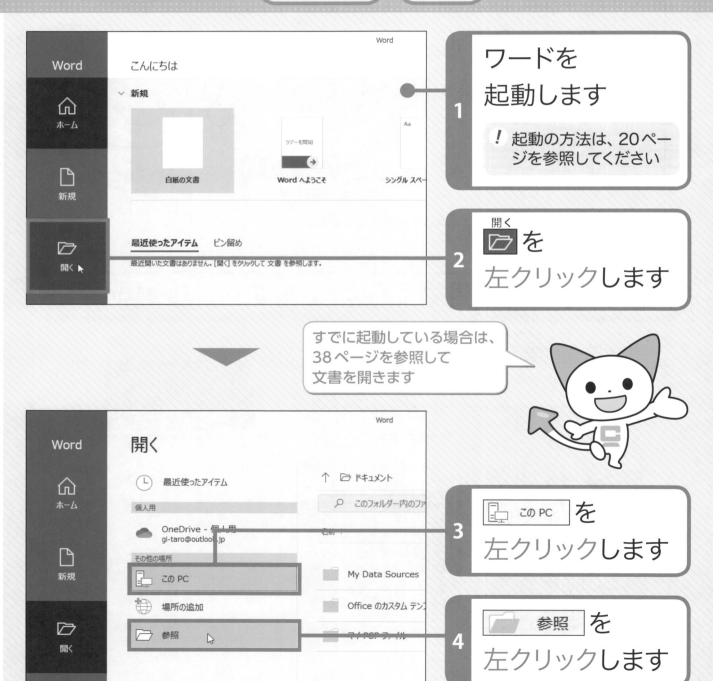

1 ワードを起動します

> ! 起動の方法は、20ページを参照してください

2 開く 📁 を左クリックします

すでに起動している場合は、38ページを参照して文書を開きます

3 🖥 この PC を左クリックします

4 📁 参照 を左クリックします

5 保存した文書を
左クリックします

6 開く(O) を
左クリックします

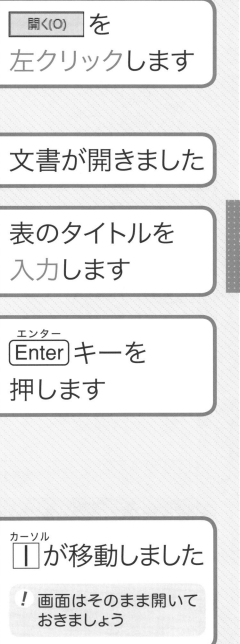

7 文書が開きました

8 表のタイトルを
入力します

9 エンター
Enter キーを
押します

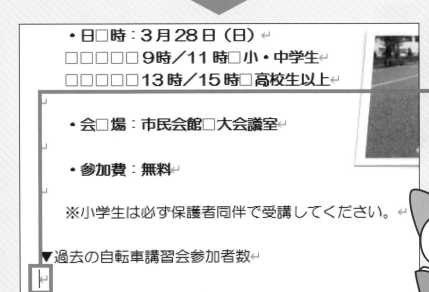

10 カーソル
|| が移動しました

! 画面はそのまま開いて
おきましょう

カーソル位置に
表を貼り付けます

おわり

203

Section 70 エクセルの表を コピーしよう

エクセルの表を貼り付ける範囲をドラッグして選択します。 ホーム タブの 📋 を左クリックしてコピーします。

● 操作に迷ったときは…… 左クリック **13** ページ ドラッグ **14** ページ

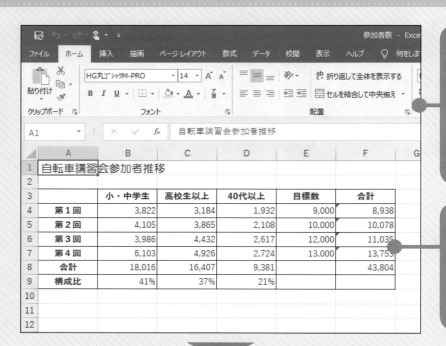

1 エクセルを 起動します

　! 起動の方法は、22ページを参照してください

2 第8章で 作成した表を 開きます

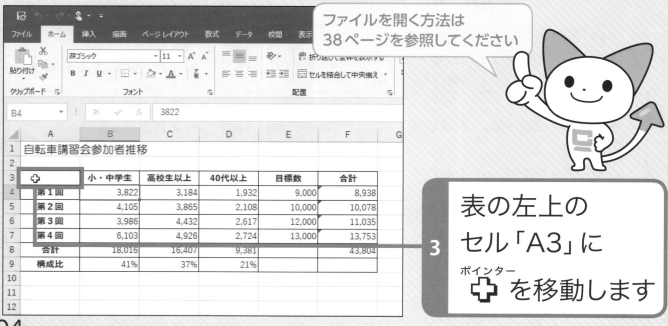

ファイルを開く方法は 38ページを参照してください

3 表の左上の セル「A3」に ポインター ✛ を移動します

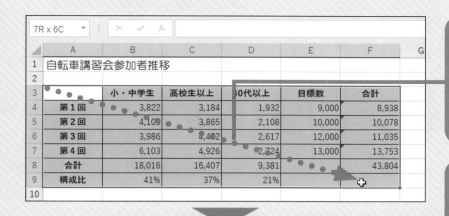

4 表の右下の
セル「F9」まで
ドラッグします

5 範囲が
選択されました

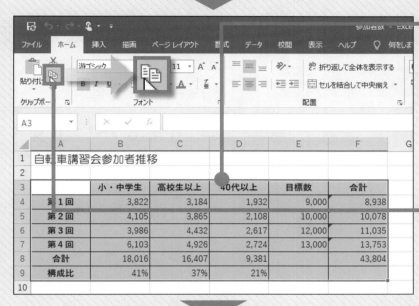

6 ホーム タブの 📋 を
左クリックします

! ほかのタブが表示され
ている場合は、ホーム タ
ブを左クリックします

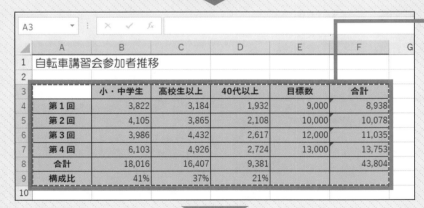

7 指定した範囲が
コピーの
対象になりました

タスクバーの
ワードのアイコン
W を
8 左クリックします

! このあと、ワードの文
書に移動します。ほか
の操作はしないでくだ
さい

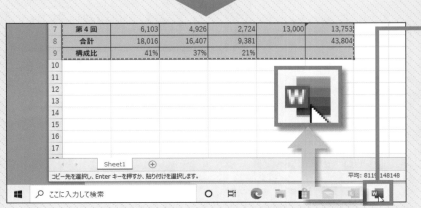

おわり

Section 71 コピーした表を ワードに貼り付けよう

エクセルでコピーした表をワードの文書に貼り付けます。貼り付ける方法はいくつかありますが、ここでは文書の書式に合わせて貼り付けます。

● 操作に迷ったときは…… 左クリック **13** ページ

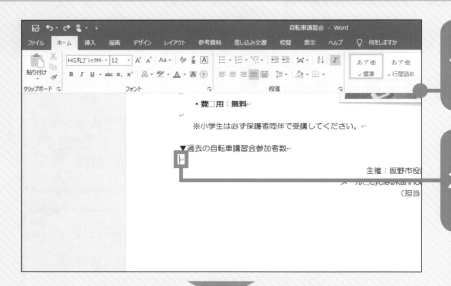

1 ワードの文書画面を表示します

2 カーソル
$\boxed{|}$ の位置を確認します

3 ホーム タブの 貼り付け を 左クリックします

! ほかのタブが表示されている場合は、ホーム タブを左クリックします

貼り付け方法については、次ページのColumnを参照してください

4 書式を結合 を **左クリックします**

5 表が貼り付けられました

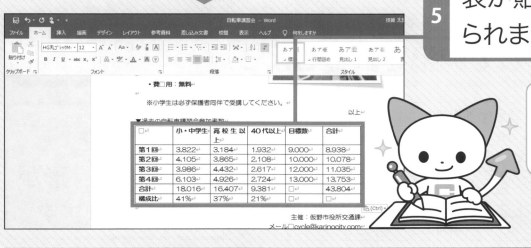

行が2行になってしまっても、次ページの方法で調整できます

おわり

Column 貼り付け方法を選択する

貼り付ける場合には、「元の書式を保持」、「書式を結合」、罫線のない「テキストのみ」、「図」などの貼り付け方法が選択できます。

手順 **4** で貼り付け方法にポインターを合わせるとプレビューされるので確認するとよいでしょう。

なお、「元の書式を保持」は、もとの表の設定によって幅や高さの調整ができない場合があります。

> 貼り付けのオプション:
>
> 形式を選択して貼り付け(S)...
>
> 既定の貼り付けの設定(A)...

Section 72 コピーした表の列幅を整えよう

貼り付けた表は、幅が文字数に合わない場合があります。列幅をドラッグしたり、複数の列を同じ幅に揃えたりして調整しましょう。

●操作に迷ったときは…… 左クリック **13** ページ ドラッグ **14** ページ

ドラッグして列幅を調整しよう

▼過去の自転車講習会参加者数				
□	小・中学生	高校生以上	40代以上	目
第1回	3,822	3,184	1,932	9,
第2回	4,105	3,865	2,108	1
第3回	3,986	4,432	2,617	1
第4回	6,103	4,926	2,724	1

1 罫線に I を移動すると、形が ╫ に変わります

▼過去の自転車講習会参加者数				
□	小・中学生	高校生以上	40代以上	目
第1回	3,822	3,184	1,932	9,
第2回	4,105	3,865	2,108	10
第3回	3,986	4,432	2,617	
第4回	6,103	4,926	2,724	

2 左方向へドラッグします

ドラッグすると、罫線が左右に動きます

▼過去の自転車講習会参加者数				
□	小・中学生	高校生以上	40代以上	目
第1回	3,822	3,184	1,932	9,
第2回	4,105	3,865	2,108	10
第3回	3,986	4,432	2,617	12
第4回	6,103	4,926	2,724	13
合計	18,016	16,407	9,381	□

3 ほかの列も変更します

複数の列を同じ列幅に揃えよう

1 複数の列を
ドラッグします

2 表ツール の
レイアウト タブを
左クリックします

3 幅を揃える を
左クリックします

4 同じ列幅に
揃えられました

おわり

Column 文字列に合わせて列幅を調整する

表ツール の レイアウト タブの
自動調整 を左クリックして
文字列の幅に自動調整(C) を左
クリックすると、文字列
に合わせて列幅を自動
で調整できます。

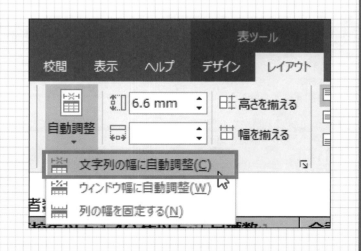

Section 73 貼り付けた表の見栄えをよくしよう

左上になっている表内の文字を配置し直します。文字の書体や大きさも変更できます。また、見栄えのよい色やデザインを施してみましょう。

●操作に迷ったときは…… 左クリック **13** ページ　ドラッグ **14** ページ

表内の文字を配置しよう

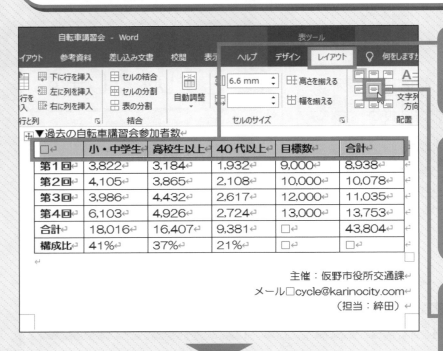

1 タイトル行をドラッグします

2 表ツール の レイアウト タブを左クリックします

3 中央揃え 📧 を左クリックします

4 中央に揃いました
　！ 1列目も中央に揃えます

5 数値の範囲をドラッグします

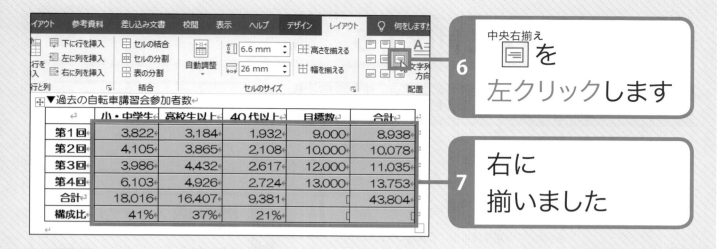

6 中央右揃え
[≡]を
左クリックします

7 右に
揃いました

文字の書体を変更しよう

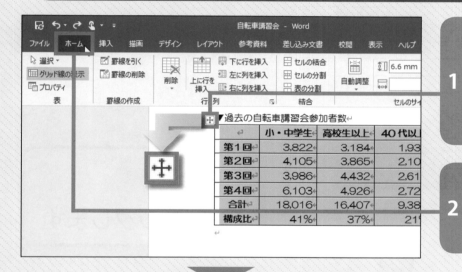

1 [✛]を
左クリックして
表を選択します

2 [ホーム] タブを
左クリックします

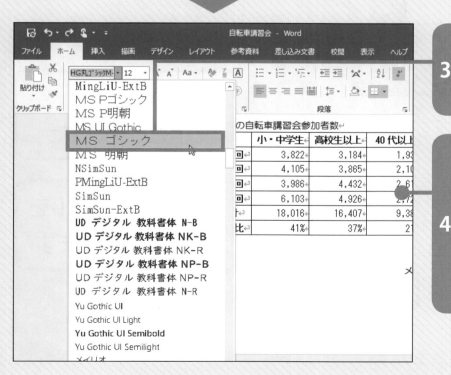

3 フォントを
左クリックします

4 フォントが
変更されます

> ! 文字の大きさを変更するには、82ページを参照してください

次へ

表にデザインを付けよう

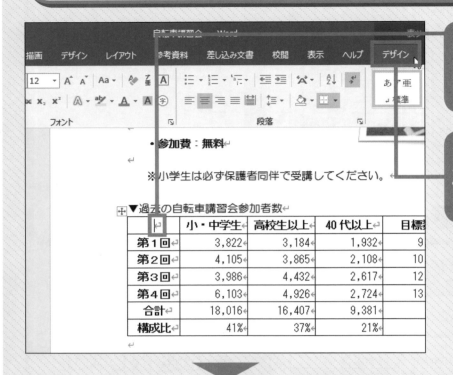

1 表内を
左クリックします

2 デザイン タブを
左クリックします

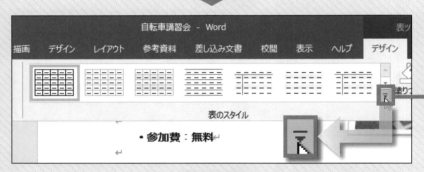

3 その他
⊡ を
左クリックします

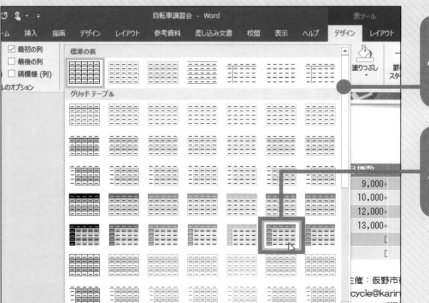

4 一覧が
表示されました

5 目的のスタイルを
左クリックします

※小学生は必ず保護者同伴で受講してください。↵

以上↵

▼過去の自転車講習会参加者数↵

	小・中学生	高校生以上	40代以上	目標数	合計
第1回	3,822	3,184	1,932	9,000	8,938
第2回	4,105	3,865	2,108	10,000	10,078
第3回	3,986	4,432	2,617	12,000	11,035
第4回	6,103	4,926	2,724	13,000	13,753
合計	18,016	16,407	9,381		43,804
構成比	41%	37%	21%		

主催：仮野市役所交通課↵
メール□cycle@karinocity.com↵
（担当：絆田）↵

6 見栄えのよい表が
完成しました

! 保存して、ワードとエク
セルを終了しましょう

おわり

Column 表スタイルのオプション

手順 **5** のスタイル
は、表ツール の デザイン タ
ブの＜表スタイルの
オプション＞の指定
によって変わります。

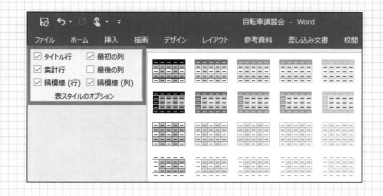

Column 一部のセルにのみ色を付けるには

一部のセルにのみ色を付け
たい場合は、セルを選択した
状態で、表ツール の デザイン タブの
塗りつぶし を左クリックして、目的の
色を左クリックします。

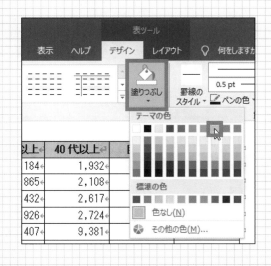

Q　リボンが消えてしまった！

A　タブをダブルクリックします。＜リボンの表示オプション＞でリボンやタブの表示／非表示を設定できます。

1 ＜リボンを折りたたむ＞を左クリックします

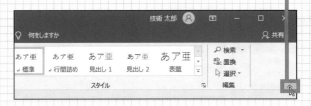

2 リボンが表示されなくなります

●タブを利用して表示する

1 任意のタブをダブルクリックします

! タブをクリックすると一時的にリボンを表示できます

●＜リボンの表示オプション＞で設定する

1 ＜リボンの表示オプション＞を左クリックします

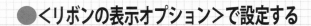

タブとリボンが非表示になります

2 ＜タブとコマンドの表示＞を左クリックすると表示されます

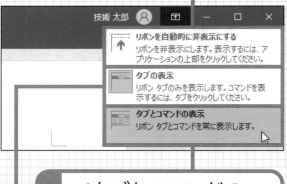

タブのみが表示されます

Q ウィンドウが狭くて操作しにくい！

A ＜リボンを自動的に非表示にする＞に設定すると、編集画面を広く表示できます。

1 ＜リボンの表示オプション＞を左クリックします

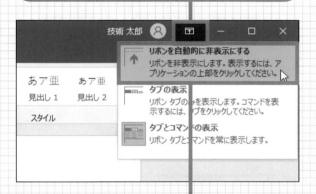

2 ＜リボンを自動的に非表示にする＞左クリックします

3 編集画面が広がります

4 ここを左クリックするともとの表示に戻ります

Q 操作を失敗したのでもとに戻したい！

A クイックアクセスツールバーの＜元に戻す＞を左クリックします。

●1操作戻す

1 文字を削除しました

2 ＜元に戻す＞を左クリックすると、文字が戻ります

●複数の操作を戻す

1 ここを左クリックします

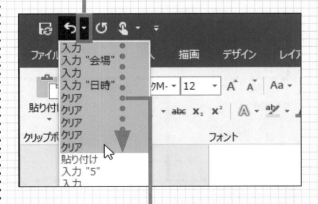

2 戻りたい操作までドラッグします

215

文書や表の余白を広げたい!

 ＜ページ設定＞画面の＜余白＞で設定します。＜レイアウト＞タブの＜ページ設定＞の＜余白＞でも設定できます。

●＜ページ設定＞画面を利用する

1 ＜レイアウト＞タブを
左クリックします

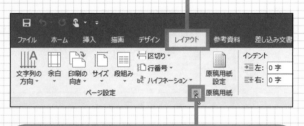

2 ここを左クリックします

3 ＜ページ設定＞画面の
＜余白＞を
左クリックします

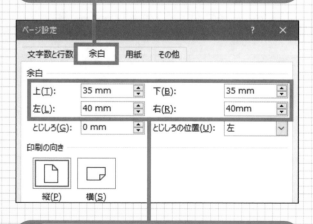

4 ＜余白＞の＜上＞＜下＞
＜左＞＜右＞の値を
大きくします

●＜余白＞コマンドを利用する

1 ＜レイアウト＞タブを
左クリックします

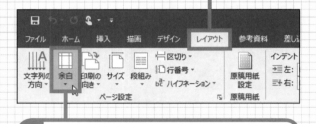

2 ＜余白＞を
左クリックします

3 ＜広い＞を
左クリックします

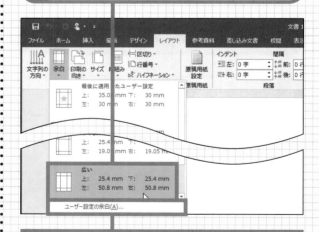

ここを左クリックすると
＜ページ設定＞画面を表示
できます

Q 文字や行をすばやく選択したい！

A 単語はダブルクリック、行はドラッグします。Ctrl＋Aキーを押すと文書全体を選択できます。

● 単語や1文を選択する

1 文字の上で
ダブルクリックします

> 2021 年 2 月吉日↵
> 第 5 回□自転車講習会のご案内↵
> □日頃より、交通安全にご協力いただきありがとうございます。↵
> □本市では毎年「自転車講習会」を開催しており、今年で 5 回目となります。↵
> □自転車講習会では、正しい自転車の乗り方、交通ルールなど、安全に自転車に乗っていただくための講演（やビデオ上映）を年代に合わせて行います。↵
> □ぜひ多くの方のご参加をお待ちしております。↵

2 単語が選択されます

> 2021 年 2 月吉日↵
> 第 5 回□自転車講習会のご案内↵
> □日頃より、交通安全にご協力いただきありがとうございます。↵
> □本市では毎年「自転車講習会」を開催しており、今年で 5 回目となります。↵
> □自転車講習会では、正しい自転車の乗り方、交通ルールなど、安全に自転車に乗っていただくための講演（やビデオ上映）を年代に合わせて行います。↵

3 すばやく3回
左クリックします

4 1文（センテンス）が
選択されます

> 2021 年 2 月吉日↵
> 第 5 回□自転車講習会のご案内↵
> □日頃より、交通安全にご協力いただきありがとうございます。↵
> □本市では毎年「自転車講習会」を開催しており、今年で 5 回目となります。↵
> □自転車講習会では、正しい自転車の乗り方、交通ルールなど、安全に自転車に乗っていただくための講演（やビデオ上映）を年代に合わせて行います。↵

● 1行や複数行を選択する

1 ポインター
⇗ を行の余白で
左クリックします

> 2021 年 2 月吉日↵
> 第 5 回□自転車講習会のご案内↵
> □日頃より、交通安全にご協力いただきありがとうございます。↵
> □本市では毎年「自転車講習会」を開催しており、今年で 5 回目となります。↵
> □自転車講習会では、正しい自転車の乗り方、交通ルールなど、安全に自転車に乗っていただくための講演（やビデオ上映）を年代に合わせて行います。↵
> □ぜひ多くの方のご参加をお待ちしております。↵
> □申込用紙または下記担当へメールにてお申し込みください。↵

2 1行が選択されます

> 2021 年 2 月吉日↵
> 第 5 回□自転車講習会のご案内↵
> □日頃より、交通安全にご協力いただきありがとうございます。↵
> □本市では毎年「自転車講習会」を開催しており、今年で 5 回目となります。↵
> □自転車講習会では、正しい自転車の乗り方、交通ルールなど、安全に自転車に乗っていただくための講演（やビデオ上映）を年代に合わせて行います。↵
> □ぜひ多くの方のご参加をお待ちしております。↵
> □申込用紙または下記担当へメールにてお申し込みください。↵

3 ドラッグします

4 複数行が選択されます

> 2021 年 2 月吉日↵
> 第 5 回□自転車講習会のご案内↵
> □日頃より、交通安全にご協力いただきありがとうございます。↵
> □本市では毎年「自転車講習会」を開催しており、今年で 5 回目となります。↵
> □自転車講習会では、正しい自転車の乗り方、交通ルールなど、安全に自転車に乗っていただくための講演（やビデオ上映）を年代に合わせて行います。↵
> □ぜひ多くの方のご参加をお待ちしております。↵
> □申込用紙または下記担当へメールにてお申し込みください。↵

Q アルファベットが勝手に大文字になってしまう！

A 英文字の先頭文字を自動的に大文字にするオートコレクト機能によるものです。この機能は無効にできます。

1 **ファイル** を左クリックします

2 **その他...** を左クリックします

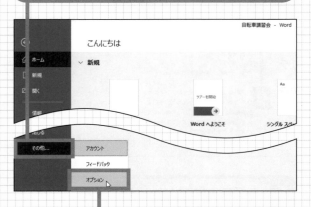

3 **オプション** を左クリックします

4 **文章校正** を左クリックします

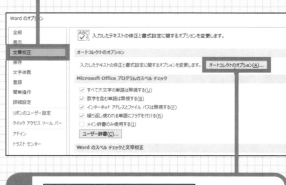

5 **オートコレクトのオプション(A)...** を左クリックします

6 **オートコレクト** を左クリックします

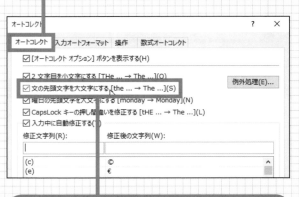

7 ここを左クリックします

8 ☑ が □ に変わり、機能が無効になりました

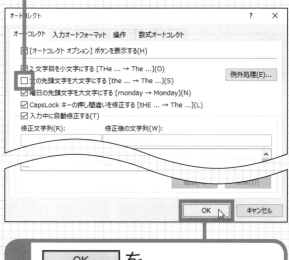

9 **OK** を左クリックします

エクセルで入力した文字が勝手に変更された!

 「1-2」が「1月2日」、「(1)」が「-1」になるなど、入力したとおりに表示されない場合は、セルの表示形式を文字列に変更してから入力するか、先頭に「'」を付けます。

●表示形式を変更する

1 対象のセルを
ドラッグします

2 ホーム の 標準 の
▼ を左クリックします

3 文字列 を
左クリックします

4 セルの値の
表示形式が＜文字列＞に
変わりました

5 入力したとおりに
文字が表示されました

! セルの左上に表示される ◢
は、無視してかまいません

●先頭に「'」を付ける

先頭に「'」を入力すると、入力したとおりに表示されます

219

INDEX 索引 (ワード 2019) ● ● ● ● ● ● ● ● ● ● ● ● ● ● ● ● ● ●

221

INDEX 索引（エクセル 2019） • • • • • • • • • • • • • • • • • •

問い合わせ先

〒162-0846
東京都新宿区市谷左内町21-13
株式会社技術評論社　書籍編集部
「大きな字でわかりやすい　ワード＆エクセル
［Word 2019/Excel 2019対応版］」質問係
FAX番号　03-3513-6167

URL：https://book.gihyo.jp/116

大きな字でわかりやすい
ワード＆エクセル
［Word 2019/Excel 2019対応版］

2021年2月27日　初版　第1刷発行
2022年7月15日　初版　第2刷発行

著　者●AYURA
発行者●片岡　巖
発行所●株式会社　技術評論社
　　　　東京都新宿区市谷左内町21-13
　　　　電話　03-3513-6150　販売促進部
　　　　　　　03-3513-6160　書籍編集部
カバーデザイン●山口　秀昭（Studio Flavor）
カバーイラスト・本文デザイン●イラスト工房（株式会社アット）
編集／DTP●AYURA
担当●渡邉　健多
製本／印刷●大日本印刷株式会社

定価はカバーに表示してあります。

落丁・乱丁がございましたら、弊社販売促進部までお送りください。交換いたします。
本書の一部または全部を著作権法の定める範囲を超え、無断で複写、複製、転載、テープ化、ファイルに落とすことを禁じます。

©2021　技術評論社

ISBN978-4-297-11888-4 C3055
Printed in Japan